CONDUITE DU RUCHER

OU

CALENDRIER DE L'APICULTEUR

MOBILISTE

AVEC LA DESCRIPTION DE TROIS TYPES DE RUCHES

ET LA RECETTE POUR L'HYDROMEL

PAR

ED. BERTRAND

> O vous qui transformez de la fleur éphémère
> Le parfum sans durée en durable saveur :
> Abeilles ! par la ruche et par votre art sauveur
> La fuite des printemps nous devient moins amère.
>
> SULLY PRUDHOMME.

TROISIÈME ÉDITION, AVEC PLANCHES ET FIGURES

GENÈVE

LIBRAIRIE R. BURKHARDT, ÉDITEUR

PARIS — LIBRAIRIE AGRICOLE DE LA MAISON RUSTIQUE — 26, RUE JACOB, 26

BRUXELLES — J. LEBÈGUE & COMP., OFFICE DE PUBLICITÉ — 46, RUE DE LA MADELEINE, 46

1888

CONDUITE DU RUCHER

OU

CALENDRIER DE L'APICULTEUR

MOBILISTE

AVEC LA DESCRIPTION DE TROIS TYPES DE RUCHES

ET LA RECETTE POUR L'HYDROMEL

PAR

ED. BERTRAND

Président de la Société Romande d'Apiculture,
Directeur de la Revue Internationale d'Apiculture,
Membre honoraire de l'Association des Apiculteurs de l'Amérique du Nord
et de la Société Suisse des Amis des Abeilles.

> O vous qui transformez de la fleur éphémère
> Le parfum sans durée en durable saveur:
> Abeilles! par la ruche et par votre art sauveur
> La fuite des printemps nous devient moins amère.
>
> SULLY PRUDHOMME.

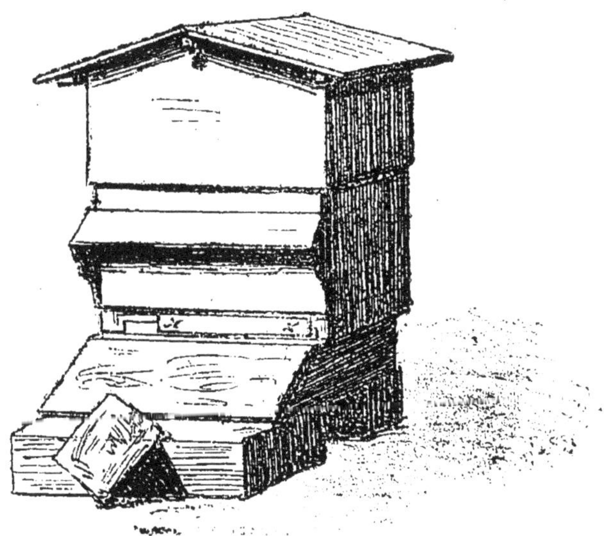

TROISIÈME ÉDITION, AVEC PLANCHES ET FIGURES

GENÈVE
LIBRAIRIE R. BURKHARDT, ÉDITEUR

PARIS
LIBRAIRIE AGRICOLE DE LA MAISON RUSTIQUE
26, RUE JACOB, 26

BRUXELLES
J. LEBÈGUE & COMP., OFFICE DE PUBLICITÉ
46, RUE DE LA MADELEINE, 46

NYON (SUISSE). IMPRIMERIE DU COURRIER DE LA CÔTE

PRÉFACE

La *Conduite du Rucher* est la reproduction d'articles publiés à l'usage des commençants dans ma *Revue* mensuelle et que j'ai réunis, remaniés et complétés pour en faire un petit manuel. Les premières éditions du Calendrier, ainsi que la Description des Ruches, ont paru sous forme de brochures en 1882 et 1883.

Je n'ai aucunement la prétention de présenter un traité complet; ainsi les animaux et insectes à classer parmi les ennemis des abeilles ne sont pas tous mentionnés; je n'ai parlé que de ceux que j'ai moi-même observés et qui sont réellement nuisibles dans nos contrées. De même j'ai laissé de côté l'anatomie de l'abeille, ayant l'intention de traduire le livre qu'un ami, plus compétent comme microscopiste, prépare en anglais sur ce sujet spécial. Je me borne au côté pratique de l'apiculture et ma seule ambition est d'enseigner en termes à la portée de tous la manière de tirer agrément et profit des abeilles.

Le plan que j'ai adopté me semble faciliter les recherches: les instructions sont classées dans l'ordre des opérations à faire selon la saison. Le débutant n'a qu'à ouvrir le livre au chapitre Mai, par exemple, pour savoir les soins qu'il a à donner ou les incidents qui peuvent se présenter pendant ce mois. La description du contenu d'une ruche: abeilles, rayons, couvain, etc., est placée en Mars, c'est à dire à l'époque où l'apiculteur doit se préparer à examiner ses abeilles.

Le calendrier est suivi de figures explicatives et de la description de quelques types de ruches, avec planches à l'appui. Enfin un chapitre est consacré à la fabrication de l'hydromel et du vinaigre, qui offre une ressource importante dans les régions où la vigne n'est pas cultivée et permet un bon emploi du miel non vendu.

Ayant conduit pendant bien des années jusqu'à quatre ruchers, situés dans des expositions variées tant en plaine qu'en montagne, et essayé de beaucoup de systèmes de ruches différents, j'ai pu faire la comparaison des diverses méthodes usitées et juger, sans parti pris, je l'espère, de leur valeur relative. C'est donc en connaissance de cause, ou du moins en me basant sur ma propre expérience, que je donne la préférence à celles que je recommande. Je me suis tenu autant que possible au courant de tout ce qui s'est publié sur le sujet, mais notre art marche à grands pas et ceux qui veulent en suivre les progrès doivent s'abonner à quelque publication périodique. La *Conduite* n'est qu'une introduction et son but est uniquement de mettre le novice dans la bonne voie.

J'ai largement profité de l'expérience d'autrui et surtout de celle des grands apiculteurs avec lesquels j'ai le bonheur d'entretenir d'étroites relations. L'un d'eux, M. Cowan, a bien voulu me fournir une partie des gravures que j'ai adjointes au texte et m'aider aussi pour plusieurs dessins; les figures de mon propre outillage sont de la main de M. J. Mayor, de Genève. Quelques clichés sont tirés du bel ouvrage de M. Gravenhorst, *Der Praktische Imker*, publié par la maison C.-A. Schwetschke & fils, de Brunswick. (1)

On m'a souvent demandé quel pouvait être le rendement moyen d'un rucher, mais il est impossible de répondre, vu que cela varie considérablement selon la localité et l'année. Ce que l'on peut dire d'une façon générale, c'est qu'à moins que l'apiculteur n'habite une région réellement défavorable, ses abeilles, bien dirigées, l'indemniseront largement de ses frais et de ses peines. Il serait fort imprudent de donner la moindre extension à un rucher avant de s'être rendu compte des ressources qu'offre la flore du pays.

Les produits exceptionnels de quatre-vingts à cent kilog. dans notre pays, de deux cents kilog. et plus dans d'autres, qu'on obtient accidentellement d'une seule ruche en une seule saison, ne doivent en aucune façon servir de base pour calculer le rendement moyen de tout

(1) Les figures 1, 2, 3, 4, 5, 7, 53 et 58.

un rucher; mais ils montrent ce dont une famille d'abeilles est capable et il est permis d'espérer que, grâce à des méthodes de sélection perfectionnées, ce qui est aujourd'hui l'exception pourra une fois devenir la règle. Les immenses progrès réalisés depuis une dizaine d'années seulement justifient les vues les plus ambitieuses.

Aucune occupation rurale n'est mieux à la portée de tous que la culture des abeilles et ne demande une mise de fonds plus modique. Il suffit d'avoir l'espace nécessaire pour placer quelques ruches, et les visites que les abeilles du pauvre font dans les champs de son voisin plus riche sont largement payées par les services qu'elles rendent dans la fécondation des fleurs. Je pourrais citer bien des élèves de ma *Revue*, possesseurs de beaux ruchers, qui ont débuté avec une ou deux colonies et n'ont pas eu d'autres déboursés que le coût de cette première installation, le reste ayant été successivement payé par des prélèvements sur les produits.

Le Chalet, Nyon, janvier 1888.

ED. BERTRAND.

TABLE DES MATIÈRES

SECONDE PARTIE

CONDUITE DU RUCHER

OU

CALENDRIER DE L'APICULTEUR MOBILISTE

INTRODUCTION

Différents buts de l'apiculture. — Choix d'une localité. — Loque. — Cultures. — Choix d'un emplacement. — Ruches.

L'apiculture peut être exercée par trois catégories de personnes: l'industriel, l'amateur et l'habitant des campagnes quel qu'il soit. L'industriel, qui fait de l'élevage des abeilles un métier, doit nécessairement *choisir* la localité où il établira ses colonies; il lui faut absolument une contrée mellifère et un emplacement abrité des vents, car le produit de ses ruches doit le faire vivre. L'amateur, pour qui cette culture est surtout un intéressant objet d'étude ou la satisfaction d'un goût prononcé pour l'industrieux insecte, ne se trouve point en présence des mêmes exigences; la quantité de miel obtenue ne vient pour lui qu'en seconde ligne. L'habitant des campagnes, riche ou pauvre, propriétaire ou locataire, cherche en tenant des abeilles à utiliser sa situation, à augmenter quelque peu ses ressources ou son bien-être, sans pour cela négliger en rien ses autres occupations; il ne consacrera à son rucher que ses moments perdus et, comme l'amateur, il l'installera de façon à l'avoir sous la main, en prenant la localité telle qu'elle est. Il pourra cependant, s'il est agriculteur, augmenter sa récolte de miel sans nuire au rendement de ses terres, et cela en dirigeant certaines cultures en vue de ses abeilles ou en utilisant à leur profit des terrains arides ou incultes.

Choix d'une localité. — L'industriel devra avant tout donner la préférence au voisinage des prairies naturelles ou artificielles; c'est l'esparcette ou sainfoin qui, avec la sauge, donne dans notre pays le miel le plus blanc et le plus apprécié sur les marchés. Quelques champs de colza sont une grande ressource au printemps pour le développement des colonies; le miel qu'ils produisent passe en grande partie à l'élevage du couvain, mais tant que la récolte dure il tient lieu de nourrissement stimulant. Les arbres fruitiers forment aussi un bon appoint quand les abeilles peuvent profiter de leur floraison et le miel qu'ils produisent est supérieur à celui du colza.

L'industriel doit se préoccuper, lorsque les foins sont coupés, de fournir une seconde récolte à ses abeilles. La moutarde, le trèfle blanc, les luzernes, l'héraclée, les labiées des chaumes font souvent défaut et ne se trouvent pas partout; aussi recherchera-t-il le voisinage des bois et surtout de la montagne, et, s'il n'en existe pas à deux ou trois kilomètres de son rucher, il y aura profit pour lui à transporter ses colonies dans une partie de la contrée où elles trouveront encore à butiner dans les forêts, les prairies élevées et tardives, les bruyères, etc. Il est à remarquer que dans les vallées étroites, dont les deux versants sont accessibles aux mêmes abeilles, la récolte dure plus longtemps, la floraison s'y produisant successivement selon l'exposition; les chances de voir cette récolte favorisée par de beaux jours sont donc plus grandes. Le miel de tilleul est bon, bien qu'il ne plaise pas également à tout le monde, mais dans certaines contrées, comme chez nous, la production en est assez précaire, comme de celui du robinier-acacia.

A l'automne, les abeilles trouvent le matin dans les sarrasins ou blés noirs, un miel foncé qui arrive fort à propos pour compléter leurs provisions d'hiver et trouve même son emploi dans l'industrie du pain d'épices, mais ce produit est incertain et varie selon les saisons et les terrains. La bruyère d'automne est une grande ressource dans les pays où elle existe.

La montagne peut, comme la plaine, convenir à l'industriel pour l'établissement d'un rucher. Le miel des hauteurs est très parfumé, très recherché des gourmets et présente de grandes diversités de goût et de couleur, selon la contrée. L'apiculteur de profession qui doit compter chaque année sur une récolte pour vivre, devrait, chez nous, avoir à la fois un rucher en montagne et un en plaine, afin de diviser ses chances. Quand la récolte manque en bas, c'est souvent une raison pour qu'elle soit abondante en haut et *vice-versa*. Puis, si les deux stations ne sont pas trop éloignées l'une de l'autre, on peut faire faire deux récoltes aux colonies du bas en les montant aussitôt les foins coupés. La possession de deux ruchers facilite aussi certaines opérations d'essaimage et de fécondation.

On doit éviter autant que possible le voisinage des raffineries, des confiseries, des moulins à cidre, etc., soit parce que les abeilles périssent par milliers dans ces établissements, soit parce que les visites qu'elles y font peuvent donner lieu à des discussions et des procès.

Le voisinage des vignes ne vaut rien non plus : outre que les abeilles ne trouvent pas de fleurs dans les vignobles, il est souvent difficile de faire comprendre aux viticulteurs qu'elles ne font pas de dégâts aux raisins; ils sont assez disposés à leur attribuer les méfaits causés par les oiseaux et les guêpes. On sait que si les abeilles ne se font pas faute de sucer le jus des grains entamés, elles sont incapables de percer la peau des grains intacts, c'est-à-dire qu'elles savent tout au plus tirer parti d'un mal qu'elles n'ont pas causé.

La proximité des grandes nappes d'eau est surtout défavorable si les vents dominants soufflent de façon à rejeter les abeilles dans la direction de l'eau ; autrement elle n'a d'inconvénient qu'en ce qu'elle diminue leur champ d'exploitation. Nous connaissons plus d'un rucher prospère sur les bords immédiats du lac Léman.

Loque. — Il est un point sur lequel nous tenons à attirer l'attention de l'apiculteur industriel en quête d'une localité pour y installer ses ruchers. Son premier soin après s'être assuré que la contrée choisie est mellifère, doit être de s'enquérir de l'état passé et présent des ruchers du voisinage. Les abeilles sont sujettes à une seule maladie grave qui attaque surtout leur progéniture et finit par dépeupler la colonie, c'est la loque ou pourriture du couvain. Cette affection est excessivement contagieuse et, lorsqu'elle a sévi dans une région, il en reste, probablement à la surface du sol, des germes qui peuvent malgré toutes les précautions infester le rucher qu'installera le nouveau venu. Peut-être aussi existe-t-il des parages où la loque se développe plus facilement qu'ailleurs, soit à cause de la nature du sol ou du climat, soit à cause de la flore locale. Le fait est que la maladie a une tendance à persister sur les points où elle a existé et que de nouveaux ruchers, créés là où d'autres ont été ravagés et détruits antérieurement, sont quelquefois atteints.

Dans notre pays, la loque est entretenue et propagée par la négligence de certains propriétaires de ruches en paille qui ne s'inquiètent pas de ce qui se passe dans leurs colonies et se contentent de mettre leurs pertes sur le compte du mauvais temps. Le possesseur de ruches à cadres, lui, s'aperçoit bien vite du mal qui peut exister dans son rucher, car il ne peut se dispenser d'en faire l'inspection de temps en temps ; la méthode adoptée l'exige et, du reste, les visites sont si faciles qu'on ne les épargne pas. Tandis que pour savoir ce qui se passe dans une ruche en paille, il faut la retourner, écarter les rayons et examiner le couvain avec beaucoup de soin, ce qui ne se fait guère lorsqu'on n'a pas l'éveil.

L'industriel en quête d'une bonne localité fera donc bien, avant de prendre un parti, de s'informer si, dans un périmètre de cinq à six kilomètres de l'emplacement projeté, les ruches existantes sont dans un état normal et si antérieurement des ruchers y ont périclité et péri sans qu'on ait pu en donner une explication plausible. La maladie est généralement peu connue et l'enquête devra être faite par un homme compétent.

Cultures. — Dans ces dernières années, l'attention des apiculteurs s'est dirigée sur la culture des plantes mellifères. S'il ne leur est pas encore suffisamment démontré qu'ils aient avantage à cultiver certaines plantes uniquement en vue de leur produit en miel, ils se sont convaincus qu'ils peuvent augmenter sensiblement le rendement de leurs ruchers en choisissant pour leurs prés artificiels les variétés qui, sans être inférieures aux autres au point de vue du fourrage, présentent au plus haut degré la qualité mellifère. Ainsi on commence à donner au trèfle hybride ou alsike la préférence sur le trèfle ordinaire ou rouge. On remplace l'esparcette à une coupe par celle à deux coupes, dont la seconde floraison coïncide avec une période de disette pour les abeilles. On ensemence les mauvais terrains, les sols marécageux de mélilot blanc, qu'on peut utiliser comme litière et la première année, en prenant quelques précautions, comme fourrage. En Amérique, on cultive en grand la scrofulaire noueuse, le réséda géant, l'herbe aux chats *(nepeta cataria)*, etc., uniquement pour le miel qu'ils donnent. D'autres plantes, qu'il serait trop long d'énumérer ici, sont actuellement l'objet d'essais. Il est certain qu'on peut tirer parti des terrains arides ou marécageux, des parties négligées des propriétés, des bords des chemins en y jetant des graines de plantes mellifères appropriées.

Choix d'un emplacement. — Pour l'installation d'un rucher, il faut rechercher un endroit abrité des vents et, si possible, pas trop rapproché des maisons d'habitation et des voies fréquentées; l'ébranlement du sol a des inconvénients en hiver, puis les abeilles sont sujettes, dans le voisinage de leur demeure, à se jeter sur les animaux et les humains, surtout sur ceux qui sont en sueur; aussi ne pouvons-nous approuver ces bancs d'abeilles installés tout près des écuries, comme on en voit quelquefois dans notre pays.

Si l'on ne trouve pas d'abris naturels contre les vents, on peut en créer d'artificiels au moyen de haies ou autres clôtures, puis on place les ruches à quelques centimètres seulement du sol. Il faut éviter de les mettre trop près d'un mur faisant face au midi, car la grande chaleur incommode les abeilles; l'ombre en été leur convient.

La proximité d'une source, d'un égout de fontaine, celle de quelques buissons de noisetier, de saule-marsault ou viminal leur épargne des courses dangereuses au printemps ; l'eau à portée convient aussi quand la bise souffle.

Ruches. — Nous ne traiterons que de l'apiculture exercée au moyen de ruches à rayons mobiles.

Les ruches sont des caisses, généralement en bois et à parois doubles ou épaisses. Chaque rayon est contenu dans un cadre, muni en haut d'une traverse (porte-rayon) dont les deux extrémités, qui font saillie, reposent sur des feuillures horizontales pratiquées en haut et en dedans de deux des parois de la ruche. Les cadres ne touchent aux parois que par ces supports et sont rangés les uns à côté des autres à une distance variant de 32 à 38 mm. de centre à centre, mais le plus souvent de 35 à 38. L'entrée des abeilles est pratiquée au bas d'une des parois.

La ruche doit être munie d'une ou de deux cloisons intérieures mobiles, ou partitions, suspendues parallèlement aux cadres, mais touchant aux parois de deux côtés. Elles servent à proportionner la chambre à couvain, c'est-à-dire l'espace contenant les rayons et les abeilles, à la force de la famille qui varie selon la saison. Les rayons, quel que soit leur nombre, doivent être enclavés entre les parois, de façon à ce qu'il n'y ait tout autour de l'ensemble des cadres qu'un vide de 6 à 8 mm. environ (en bas 12 à 15 mm.) servant de passage aux abeilles. Les ruelles entre les rayons sont de 8 à 13 mm. de large, selon la saison et la méthode adoptée.

Le dessus des cadres est recouvert d'une toile peinte ou non peinte (ou de planchettes) et d'une couverture, paillasson ou coussin; puis d'un couvercle ou chapiteau.

Dans le système dit américain, le plafond et le plancher de la ruche sont mobiles et la visite de la colonie se fait par le haut. Dans le système allemand, les ruches, au lieu d'être isolées en plein air, sont empilées les unes sur les autres et côte à côte dans un bâtiment fermé dit pavillon; plafonds et planchers sont fixes et c'est l'un des côtés de la ruche qui est mobile, généralement celui opposé à l'entrée des abeilles.

Chacun des systèmes a ses avantages et ses points faibles ; nous donnons pour notre part la préférence aux ruches en plein air, mais le système des pavillons peut convenir davantage aux personnes habitant sous un climat rigoureux, comme à celles qui disposent de peu de place ou qui, n'ayant pas leur rucher à proximité, désirent tenir leurs abeilles sous clef à l'abri des indiscrets et des voleurs.

Les modèles de ruches sont innombrables, mais il n'y en a pas beaucoup qui réunissent les deux conditions essentielles : la possibilité du développement complet des colonies et la commodité de l'apiculteur. Après avoir mis à l'épreuve un grand nombre de systèmes, nous donnons décidément la préférence aux grandes ruches à grands cadres (cadres donnant des rayons de 9 à 12 décim. carrés de surface). Seules les grandes ruches dont la contenance peut être diminuée ou agrandie à volonté permettent d'obtenir le maximum de rendement, et leur emploi facilite et simplifie considérablement les opérations. Nous les recommandons particulièrement aux commençants, quelle que soit la contrée qu'ils habitent. (1)

Les modèles adoptés dans nos ruchers sont les ruches Layens et Dadant, qui, bien que destinées à la culture en plein air, peuvent être, avec quelques modifications, adaptées à des ruchers fermés.

La ruche horizontale Layens n'a qu'une rangée de cadres servant à la fois pour le nid à couvain et le magasin à miel. La ruche verticale Dadant reçoit par-dessus le corps de ruche, pendant la récolte, une ou plusieurs hausses à cadres pour l'emmagasinement du miel.

La ruche Burki-Jeker et la ruche Blatt, telle que l'a proposée M. U. Kramer avec addition d'un magasin à miel, sont les meilleurs types du système allemand. Elles se composent toutes deux d'une rangée de grands cadres et de plusieurs rangées de petits cadres placés au-dessus.

Nous nous bornons à signaler ces quatre bons modèles aux commençants, bien qu'il en existe naturellement plusieurs autres recommandables ; quant aux inventions nouvelles, qui n'ont pas encore fait leurs preuves, nous n'en parlerons même pas.

Le débutant doit choisir un bon modèle, en faire la commande à un fabricant et se garder d'y apporter aucune modification quelconque.

Si nous le mettons en garde contre cette fâcheuse disposition à ne pas se contenter des instruments qu'on lui propose, c'est qu'elle est fréquente chez les gens de peu d'expérience dans notre métier. Avant de savoir manier convenablement l'outil qu'on a en main, avant d'en avoir seulement compris le but et le fonctionnement, on lui trouve une

(1) Dans trois pays, l'Italie, l'Allemagne et l'Angleterre, les sociétés d'apiculture se sont entendues pour adopter un cadre uniforme. Malgré l'avantage incontestable que présente cette mesure en théorie, elle n'est pas sans présenter quelque inconvénient : à l'époque où ces sociétés ont arrêté la forme et les dimensions de leur cadre officiel ou type, on n'était pas encore édifié comme on l'est aujourd'hui sur la supériorité des grands rayons. Les cadres italien et allemand sont trop petits et le cadre anglais, bien que d'une forme plus rationnelle, est jugé insuffisant par bon nombre de ceux qui l'emploient, aussi commence-t-on, en Angleterre, à proposer l'adoption d'un type plus grand.

quantité de défauts et se croyant plus avisé que les experts, on dénature, modifie et invente à tort et à travers. Les bons modèles de ruches, comme ceux que nous avons mentionnés plus haut, ne sont pas facilement perfectionnables. Tout, jusque dans les moindres détails, y a été combiné : dimensions, proportions, espaces, agencements, etc.; chaque disposition a sa raison d'être et son adoption est le fruit de l'expérience. C'est affaire aux apiculteurs consommés de modifier ou d'inventer, et le novice perd son temps et son argent à vouloir en remontrer aux maîtres dans un métier qu'il connaît à peine. Au risque de froisser quelques susceptibilités, nous tenons à faire entendre ici la voix du bon sens. Il n'y a que les génies qui inventent quelquefois utilement sans connaître à fond la partie, et il ne s'en montre pas beaucoup dans un siècle.

Les nouveaux abonnés de la *Revue Internationale d'Apiculture*, à l'intention desquels les instructions qui suivent sont surtout rédigées, habitant des contrées fort différentes sous le rapport du climat et de la flore, il ne nous est guère possible d'adapter ce *Calendrier* aux conditions locales de chacun et nous nous bornerons à décrire la manière de conduire un rucher dans l'Europe centrale, c'est-à-dire dans la contrée que nous habitons.

Les travaux des abeilles, comme ceux de l'apiculteur, sont subordonnés à la marche de la végétation; par conséquent les époques indiquées pour ces travaux seront un peu avancées ou reculées, selon qu'il s'agira de contrées situées plus au midi ou plus au nord que la Suisse. Nous rappellerons aussi que l'altitude, comme la latitude, influe sur la végétation et la température, et qu'à latitude égale la montagne est en retard de quelques jours sur la plaine.

A mesure qu'on s'avance vers le sud, l'hivernage des abeilles présente moins de difficulté et les précautions contre le froid deviennent moins nécessaires, mais en tout pays on doit chercher à protéger les ruchées contre les brusques variations de température *au printemps*, à l'époque où commence l'élevage du couvain, c'est-à-dire des jeunes abeilles.

Il sera souvent question plus loin de la grande récolte, soit de la période pendant laquelle les abeilles font leur principale récolte de miel. Cette période varie selon la flore du pays, et c'est par l'observation que l'apiculteur arrive à en déterminer l'époque et la durée, chose de première importance pour la conduite d'un rucher.

JANVIER ET FÉVRIER

Tranquillité nécessaire aux abeilles. — Sucre en plaque, sucre sans eau. — Inconvénients d'une nourriture liquide en hiver. — Précautions extérieures. — Emploi du temps de l'apiculteur. — Pollen et eau salée. — Visites quelquefois possibles en février.

Tranquillité nécessaire aux abeilles. — L'hiver est la période du repos, sinon pour l'apiculteur du moins pour ses abeilles, aussi doit-il laisser celles-ci absolument tranquilles et veiller à ce qu'elles ne soient dérangées ni par un ébranlement du sol ni par les rongeurs. Comme le renouvellement de l'air dans les ruches est indispensable, on doit de temps en temps s'assurer qu'il n'est pas empêché par des obstacles devant l'entrée, c'est-à-dire par des abeilles mortes, de la neige ou de la glace. L'enlèvement de ces obstacles, qui se présentent rarement du reste, doit se faire doucement, sans que les abeilles s'en aperçoivent pour ainsi dire.

L'état le plus propice à un bon hivernage des abeilles est celui dans lequel elles sont le plus calmes et consomment le moins de nourriture. Une température trop basse dans la ruche les oblige à produire plus de chaleur, c'est-à-dire à manger davantage, et une température trop élevée les dispose à l'agitation, ce qui provoque également une plus grande consommation de vivres. Les brusques changements de la température intérieure de la ruche leur sont surtout très nuisibles; c'est pourquoi on recommande de doubler les parois des ruches, afin que les variations à l'extérieur se fassent sentir le moins possible à l'intérieur, et qu'on doit s'interdire de déranger les ruchées tant qu'il fait froid. Toute agitation produite dans le groupe des abeilles le désagrège et les malheureuses qui s'écartent de ce foyer de chaleur périssent très vite d'engourdissement. Puis, comme nous venons de le dire, l'agitation dans la ruche est immédiatement accompagnée d'une consommation exagérée de nourriture, consommation qui non seulement est inutile, mais produit de la chaleur et de l'humidité, remplit les intestins des abeilles à un moment où elles ne peuvent sortir pour se vider et qui a enfin toutes sortes de conséquences funestes pour leur santé. Toute excitation factice peut aussi provoquer un élevage de couvain intempestif et très fâcheux.

Aussi, tous les apiculteurs sont-ils unanimes pour défendre de toucher aux colonies pendant les froids. On a prétexté quelque part, il est vrai, qu'il fallait bien s'assurer si les ruchées avaient suffisamment de vivres pour atteindre le printemps, mais c'est avant l'hiver, en septembre, qu'on doit s'assurer de cela, en pourvoyant au nécessaire, et ce n'est que dans un rucher mal tenu que les provisions peuvent faire défaut avant mars ou avril. Dans ce cas il faut choisir autant que possible un jour chaud, c'est-à-dire un jour où les abeilles sortent naturellement, pour ouvrir la ruche et donner le complément nécessaire sous forme de nourriture solide, sucre candi, sucre en plaque ou sucre en petits grains, en le mettant immédiatement au-dessus des rayons, soumis à l'influence des vapeurs et de la chaleur du groupe, et en veillant à ce que le dessus de la ruche soit hermétiquement fermé et calfeutré.

Un kilogramme de sucre à l'état solide représente 1 ½ kil. de miel ou de bon sirop. Dans nos indications de quantités de nourriture, nous prenons toujours le miel pour base du poids.

Sucre en plaque. — On fabrique le sucre en plaque (le sucre au *petit cassé* des confiseurs) en faisant dissoudre et cuire du bon sucre blanc dans très peu d'eau. Lorsque l'eau est en grande partie évaporée et que le sirop est assez épais pour rester ferme dans une cuillère, on retire du feu, on remue encore quelques instants et on verse dans des assiettes ou moules garnis de papier. Il est très important de remuer constamment pendant la cuisson, afin que le sucre ne soit pas brûlé (ne jaunisse pas), car dans cet état il ne conviendrait pas aux abeilles. Par contre, il doit contenir assez peu d'eau pour rester sec après refroidissement.

Sucre sans eau. — Un apiculteur anglais, M. Simmins, remplace le sucre en plaque par du sucre en petits grains (Porto-Rico) qu'il répand tel quel, mais en le comprimant, sur une feuille de papier ou une toile à fromage étendue sur les cadres, et qu'il recouvre d'une toile cirée ou peinte et d'une couverture chaude. Ce sucre ne tarde pas à former une masse compacte d'une consistance appropriée au nourrissement des abeilles. Ce procédé est trop récent pour que nous ayons déjà pu en faire l'essai, mais sa simplicité nous engage à l'indiquer.

Le miel en rayon operculé serait aussi une excellente nourriture à donner, mais il n'est pas probable qu'il s'en trouve en réserve chez l'apiculteur qui n'aura pas su pourvoir ses abeilles du nécessaire en automne.

Inconvénients d'une nourriture liquide en hiver. — Il est très nuisible de donner la nourriture sous forme liquide tant qu'il fait froid, parce qu'elle excite les abeilles à sortir et à élever du couvain intempestivement.

L'élève du couvain, que les abeilles commencent quelquefois dès janvier et plus souvent en février, doit se faire à son début tout à fait naturellement et dans une mesure proportionnée aux ressources et forces d'élevage des colonies, qui varient beaucoup. Une intervention trop hâtive de l'apiculteur dans cet élevage est nuisible, quoi qu'en puissent dire certains écrivains ; elle a pour résultat le dépérissement, l'épuisement des vieilles abeilles avant leur remplacement par un nombre suffisant de jeunes. Ce fâcheux effet se constate aux grandes sorties en mars et avril : la ruche se dépeuple, les vieilles abeilles sortent pour ne plus rentrer et le couvain manque de nourrices et de pourvoyeuses. Le même résultat se produit lorsque l'élevage du couvain a cessé trop tôt à l'automne précédent, c'est-à-dire lorsque la proportion des abeilles nées en août, septembre et octobre est trop faible et que la masse de la ruchée ne se compose que de butineuses déjà usées par les courses généralement stériles de la fin de l'été. Ce sont ces abeilles nées en automne qui font les bonnes nourrices en février et mars. Cet arrêt de la ponte à la fin de l'été n'a pas lieu lorsque les abeilles trouvent encore à butiner et, du reste, on l'empêche en nourrissant.

Précautions extérieures. — Dans les localités froides où la neige ne fond que tardivement au printemps, les apiculteurs ont l'habitude de répandre devant les ruches de la paille ou des cendres, afin que les abeilles, qui profitent des journées chaudes pour sortir, trouvent à se poser ailleurs que sur la froide neige. Lorsqu'il y a des arbustes devant le rucher, cette précaution est moins nécessaire.

Il ne faut pas trop se préoccuper des abeilles qui sortent par le froid, si leur sortie n'est pas produite par un dérangement ou un accident ; ce sont généralement des malades qui sortent pour mourir. Beaucoup d'apiculteurs ont recours à une tuile, posée debout sur la planchette d'entrée à quelques centimètres du trou et inclinée contre la paroi de la ruche, pour empêcher les sorties intempestives des abeilles par les journées claires mais froides. Le soleil ne frappant pas sur l'entrée, c'est seulement la chaleur de l'air et non un rayon de soleil qui invite les abeilles à s'aventurer au dehors. Ils enlèvent ces tuiles au printemps lorsque les ruchées ont repris leur activité. Leur utilité est contestée par quelques-uns, mais nous ne sommes pas du nombre.

Emploi du temps de l'apiculteur. — Si l'apiculteur n'a pour ainsi dire rien à faire au rucher, il ne manque pas d'occupations ailleurs : consulter les bons auteurs, relire les années précédentes de la *Revue Internationale*, préparer son plan de campagne, etc. Il devrait même, s'il a déjà quelque expérience, savoir préparer pour sa société ou son journal un petit résumé clair et précis des observations intéressantes qu'il a pu avoir l'occasion de faire. Personne ne devrait oublier que l'ensemble des connaissances que nous possédons en commun aujourd'hui est le résultat des études, des expériences, des découvertes d'un grand nombre d'apiculteurs et de savants de tous les pays, et que dans notre métier chacun peut enrichir le trésor commun soit en divulgant des observations nouvelles, soit en contrôlant celles qui n'ont pas encore été suffisamment vérifiées ou confirmées par l'expérience. Notre science, toute moderne, marche à grands pas, mais il reste encore bien des problèmes à résoudre et des progrès à réaliser.

Pendant la saison morte on passe en revue son matériel, on fabrique ses ruches et accessoires si l'on est un peu menuisier, ou on envoie ses commandes à l'avance au fabricant, afin d'être en mesure en temps voulu.

C'est en hiver qu'on s'occupe des plantations d'arbres et d'arbustes à feuilles caduques et au printemps qu'on fait beaucoup de semis de plantes mellifères. Février est le mois où il convient de semer le mélilot blanc, en mélange avec une autre plante, avec de l'avoine, par exemple, qui donnera une récolte la première année, tandis que le mélilot ne fleurira que dans la seconde.

Pollen et eau salée. — Dans la seconde quinzaine de février, pour peu que le temps le permette, les sorties des abeilles deviennent plus fréquentes ; les pourvoyeuses profitent de toutes les journées un peu chaudes pour aller au pollen et à l'eau. C'est le moment de veiller à ce que ces deux éléments, qui entrent avec le miel ou le sucre dans la confection de la bouillie administrée aux larves, soient à la portée des abeilles. Dans notre pays, les fleurs à pollen abondent généralement : les noisetiers, les aulnes, les saules-marsault, les tussilages, etc., en fournissent suffisamment. S'il ne s'en trouve pas à proximité ou si la bise se fait trop sentir, il est bon de mettre devant le rucher, sous un abri, des rayons sur lesquels on répand de la farine de pois ou de blé et qu'on amorce au moyen d'une goutte de miel pour attirer l'attention des abeilles.

On peut aussi ajouter un peu de farine dans le sucre administré lors de la première visite. Pour le sucre en plaque, le mélange se fait après qu'il a été retiré du feu.

L'eau, l'eau salée surtout, est très nécessaire aussi, et pour épargner aux abeilles des courses dangereuses, il doit y avoir dans tout rucher bien tenu une auge contenant de l'eau très légèrement salée sur laquelle on met, pour empêcher les abeilles de se noyer, un flotteur supportant de la mousse d'eau ou du cresson, ou simplement des bouchons de liège ; mais les bouchons se corrompent assez promptement et M. de Layens leur préfère de petites boules creuses en verre.

Visites quelquefois possibles en février. — Dans certaines années, la température est assez douce en février pour qu'on puisse faire déjà sans trop d'inconvénients la visite des colonies dans la seconde quinzaine du mois, ce qui permet aux gens nerveux, ou inquiets de l'état de leurs abeilles, de satisfaire leur impatience. Mais il est infiniment préférable, dans notre pays, d'attendre un mois de plus. Il suffit de six à sept semaines à une colonie pour prendre son complet développement; or, la grande récolte commençant chez nous du 15 au 25 mai, l'intervention de l'apiculteur n'est point nécessaire avant la seconde quinzaine de mars, et, trop hâtive, elle ne peut avoir qu'une mauvaise influence, ainsi que nous l'avons expliqué plus haut.

MARS

CONTENU D'UNE RUCHE. — Avant de visiter une colonie, il est nécessaire de savoir de quoi elle se compose. Sans entrer dans des développements que ne comporte pas ce simple calendrier, nous rappellerons aussi brièvement que possible ce qu'il est indispensable à un commençant de connaître.

Reine, ouvrières, mâles, couvain. — Ce sont les ouvrières, ou femelles impropres à la reproduction qui constituent la population d'une ruche à l'état normal, car les mâles ou faux-bourdons n'apparaissent qu'en nombre restreint aux approches de l'essaimage et pendant les grandes récoltes, et il n'existe dans chaque famille ou ruchée qu'une seule femelle parfaite, la reine, qui est la mère de toutes les autres abeilles. Cette dernière a pour seule mission de pondre des œufs pendant huit à neuf mois de l'année; elle ne se repose guère chez nous qu'à partir du courant d'octobre jusqu'en janvier ou février, la période d'inaction pouvant varier de quelques semaines selon la température, la race et l'état de la colonie. C'est au printemps que la ponte prend son plus grand développement; dans les très fortes ruchées conduites selon la méthode intensive, elle peut s'élever dans les 24 heures à 3 et 4000 œufs et même davantage.

Les œufs pondus passent au bout de 3 jours à l'état de larves qui sont nourries par les ouvrières au moyen d'une bouillie blanchâtre élaborée par elles et dont les éléments sont le pollen, le miel et l'eau. Le petit ver baigne dans cette bouillie au fond de la cellule.

La larve d'ouvrière reçoit de la nourriture pendant 5 jours environ, puis elle est enfermée dans sa cellule au moyen d'un couvercle ou opercule, sa transformation en nymphe s'opère et elle sort à l'état parfait 12 jours après avoir été emprisonnée, soit généralement le 21me jour après que l'œuf a été pondu.

La larve du mâle est nourrie pendant 6 ½ jours et l'éclosion de l'insecte parfait a lieu environ 24 jours après la ponte de l'œuf.

La larve de la mère est nourrie pendant 5 jours, l'emprisonnement dans la cellule dure environ 7 ½ jours et l'éclosion a lieu le 16me jour environ après que l'œuf a été pondu.

Il n'y a que deux espèces d'œufs: les œufs mâles qui ne sont pas fécondés (parthénogénèse) et les œufs femelles qui le sont et produisent soit des ouvrières soit des mères. C'est en donnant pendant les derniers jours une nourriture plus élaborée à des larves femelles et en leur construisant des cellules plus grandes et dirigées de haut en bas que les ouvrières élèvent de nouvelles mères quand le besoin s'en fait sentir, c'est-à-dire quand la population est trop à l'étroit dans sa demeure (essaimage) ou quand la mère est défectueuse ou morte. Lorsque les ouvrières se font de nouvelles mères pour remplacer l'ancienne et non pour essaimer, elles choisissent généralement des larves écloses depuis un certain nombre d'heures pour les transformer, de sorte qu'en cas de suppression d'une reine dans une ruche, l'éclosion des nouvelles peut commencer dès le 10me ou le 11me jour après l'enlèvement de l'ancienne, chose importante à noter.

L'ensemble des œufs, des larves et des nymphes s'appelle couvain. Les opercules des nymphes, faits d'un mélange de cire et de pollen, sont poreux; ceux des ouvrières sont plats, ceux des mâles bombés; les cellules des mères ont l'apparence de glands dont l'extrémité est dirigée en bas.

Tous les travaux de la ruche, sauf la ponte, sont exécutés par les ouvrières. Les quinze premiers jours de leur vie sont consacrés à la besogne intérieure: soin du couvain, construction des rayons, etc.; ce n'est donc que 5 semaines environ après la ponte d'un œuf d'ouvrière que l'abeille issue de cet œuf devient butineuse; chose également importante à noter, surtout pour les contrées à courtes récoltes.

Les mâles n'existent dans une ruchée normale qu'au temps des essaims et des grandes récoltes et leur présence à d'autres époques est, à quelques exceptions près, l'indice que la reine est défectueuse ou absente. Ils ne butinent ni ne travaillent, mais leur présence en certain nombre est nécessaire à l'époque des essaims, pour la fécondation des reines qui a lieu très haut dans les airs. S'il est d'une bonne administration d'en restreindre l'élevage, en supprimant dans le nid à couvain la majeure partie des cellules qui leur servent de berceaux et qui sont facilement reconnaissables à leurs grandes dimensions, nous ne croyons pas qu'il faille chercher à les enlever complétement. Du reste, dans une ruche, où toutes les grandes cellules ont été supprimées, les abeilles réussissent à en intercaler çà et là et, dans leurs efforts pour en obtenir à tout prix, elles endommagent souvent de beaux rayons. Les mâles sont pourchassés par les ouvrières quand la grande récolte cesse et périssent de misère.

Les colonies qui se créent de nouvelles mères en élèvent toujours un certain nombre, souvent 10 à 15 et davantage. Les races méridionales en élèvent jusqu'à 2 et 300. Après l'éclosion de la première reine, ses sœurs cadettes sont tuées dans leurs cellules par elle ou par les ouvrières, à moins que la colonie ne soit en proie au besoin d'essaimer; alors l'éclosion de nouvelles reines a pour conséquence la sortie d'essaims accompagnés de jeunes reines. En effet, sauf des cas tout à fait exceptionnels, deux reines ne peuvent exister simultanément dans une ruche, l'une des deux est tuée par l'autre ou par les ouvrières.

La jeune reine cherche généralement à sortir pour se faire féconder dès le 6me ou le 7me jour après sa naissance et commence sa ponte deux ou trois jours après l'accouplement. Si le temps n'est pas favorable ou s'il y a disette de mâles, accouplement et ponte peuvent être retardés ou ne pas avoir lieu. Malgré des exceptions dûment constatées, on peut considérer que, passé les 30 premiers jours, une jeune reine n'est généralement plus apte à l'accouplement.

La reine reçoit du mâle une provision de germes fécondants (spermatozoaires) qui lui sert pour toute son existence; ces germes sont reçus dans un petit sac (spermathèque), dont l'orifice est sur le passage des œufs à leur descente des ovaires, et selon que la reine a à pondre dans une petite ou une grande cellule l'œuf est fécondé ou ne l'est pas. On appelle reines bourdonneuses celles qui ne pondent que des œufs mâles; cela provient soit de ce qu'elles n'ont pas été fécondées, soit de ce que leur provision de germes fécondants est épuisée. D'autres défectuosités dans les organes de la mère ont pour effet de lui faire pondre une proportion démesurée de mâles.

Tandis que la vie des ouvrières est limitée à quelques mois dans la saison morte et à six ou sept semaines en moyenne dans la saison d'activité, par suite de leurs rudes labeurs et des nombreux dangers auxquels elles sont exposées au dehors, les mères peuvent vivre 3, 4 et même 5 ans, mais on a avantage à les remplacer avant qu'elles soient affaiblies par l'âge, car la prospérité des colonies dépend de leur fécondité.

Il se rencontre quelquefois dans les ruchées dépourvues de reine des ouvrières qui pondent des œufs mâles et qu'on appelle pour cette raison ouvrières pondeuses. Il peut s'en rencontrer un grand nombre à la fois dans la même ruchée. Ces pondeuses, qui sont absolument semblables extérieurement aux autres ouvrières et se livrent aux mêmes travaux, se rencontrent plus fréquemment dans la race chypriote.

La mère d'une ruchée ne tient point, comme on le croyait autrefois, le sceptre du gouvernement. La ruchée est une république féminine dont chaque membre travaille au bien commun, selon son âge, avec une activité et une abnégation admirables, sans qu'aucune autorité se fasse sentir. Les mâles n'y sont admis que pour un temps et sont même sacrifiés avant leur heure au moindre signe de disette. Quant à la mère, elle est certainement l'objet d'attentions et de soins, car sa vie est plus précieuse que toutes les autres; elle est bien l'être indispensable sans lequel la famille ne peut subsister ; son absence amène l'inquiétude, le désespoir et finalement la démoralisation des ouvrières, si elle disparaît à une époque où elle ne peut être remplacée, mais elle n'est qu'une citoyenne comme les autres. Elle pond nuit et jour, c'est sa part du labeur de la maternité, tandis que les ouvrières en remplissent tous les autres devoirs; ce sont ces dernières qui nourrissent le couvain et le réchauffent, de même qu'elles construisent les rayons, pourvoient à tous les besoins de la ruchée, la défendent au prix de leur vie et amassent en vue des mauvais jours.

La reine pond en raison de la nourriture qu'elle reçoit des ouvrières et dans les cellules que celles-ci mettent à sa disposition; ce sont donc les ouvrières qui règlent la ponte et elles le font en raison des provisions disponibles, de la force de la population et des circonstances extérieures. Si les provisions manquent et qu'il n'y ait rien à espérer au dehors, la ponte se restreint ou s'arrête; et même, dans les cas de grande disette subite (les abeilles pas plus que l'apiculteur ne sont infaillibles) ou d'impossibilité d'entretenir une chaleur suffisante, la part du feu est faite : une partie du couvain existant est sacrifiée et jetée hors de la ruche après que les sucs utilisables en ont été extraits. Si au contraire les vivres ne manquent pas et que les apports nouveaux soient abondants, les abeilles stimulent la ponte de la reine en la nourrissant davantage.

Si cette mère vient à manquer ou si elle donne des signes de défectuosité, vite les ouvrières s'occupent de lui élever une remplaçante.

Enfin, si les abeilles prévoient que la demeure qui les abrite ne suffira bientôt plus à contenir toute la population, elles se mettent à élever de nouvelles reines et, avant l'éclosion de celles-ci, une partie des abeilles part pour fonder une colonie en entraînant la vieille mère.

Le départ des essaims a cependant quelquefois une autre cause que le trop-plein de la ruchée et ce qu'on appelle la fièvre d'essaimage qui en est la conséquence. Lorsque, pour une raison ou pour une autre, une colonie se trouve ne posséder qu'une jeune reine non fécondée sans jeune couvain et que cette reine sort pour chercher un époux, il peut arriver qu'une partie des abeilles la suive de crainte de la perdre. Ce cas se présente chez les essaims secondaires ou tertiaires (accompagnés de jeunes reines non fécondées) nouvellement recueillis ou chez les colonies qui remplacent leur vieille reine morte ou impotente.

Les ouvrières, constituant la population de la colonie, n'ont pas besoin d'être décrites. Les mâles sont sensiblement plus gros que les ouvrières et leur tête de forme carrée est munie de gros yeux. Le bruit qu'ils font en volant suffirait à les faire reconnaître. La reine ressemble davantage à l'ouvrière qu'au mâle, mais son abdomen, ou partie postérieure formée d'anneaux, est beaucoup plus développé, plus allongé et dépasse sensiblement les ailes. Son corselet est aussi plus gros. Ses pattes de derrière ont une couleur rouge-brun qui sert aussi à la distinguer. Les reines varient de couleur dans la même race ; bien que généralement leur abdomen soit moins foncé que celui des ouvrières, ce n'est pas toujours le cas. Dans la race italienne, il est le plus souvent d'une nuance plus claire, ce qui est d'un grand secours lorsqu'on cherche une mère au milieu de ses compagnes.

Les mâles n'ont pas d'aiguillon et les reines ne se servent pas du leur contre l'homme.

Rayons, cire. — Les abeilles garnissent leur habitation de rayons servant à la fois de magasins pour le miel et le pollen et de berceaux pour le couvain. Les rayons se composent soit de cellules dites petites servant indifféremment pour le miel, le pollen et le couvain d'ouvrières, soit de cellules plus grandes servant pour le miel et le couvain de mâles. Livrées à elles-mêmes, les abeilles qui ont à meubler leur demeure ne construisent d'abord que de petites cellules ; puis, lorsque ces bâtisses ont atteint une certaine surface, dont il n'est pas possible de préciser le chiffre, mais qu'on peut évaluer à 35 ou 50 décim. carrés, donnant de 30 à 40,000 petites cellules (1), elles entreprennent la construction de grandes cellules. Une colonie déjà pourvue de rayons à petites cellules et même de rayons à grandes cellules a une tendance marquée à ne plus édifier que de grandes cellules, dont la construction va plus vite. Une colonie orpheline ne construit que de grandes cellules ; d'autre part, une colonie ayant à sa tête une jeune reine de l'année a l'instinct de construire de préférence de petites cellules. Ces règles ne sont pas invariables et la culture, grâce à l'emploi de la cire gaufrée, dirige ces constructions à volonté.

Les abeilles construisent une troisième espèce de cellules temporaires, destinées à l'élevage des reines et affectant, comme nous l'avons dit plus haut, la forme d'un gland fixé au rayon dans une position verticale.

Lorsqu'un rayon contient à la fois de grandes et petites cellules, les cellules de raccordement, plus ou moins irrégulières, ne servent guère que pour le miel.

La cire est une sécrétion du corps des abeilles. Elles la produisent surtout en temps de récolte et par une température élevée. On peut, par le nourrissement, leur en faire produire à volonté lorsque la température est favorable. Elle apparaît sur la partie inférieure de leur abdomen en lamelles ou écailles qu'elles détachent et mâchent pour les employer.

On n'est pas encore fixé sur la quantité de miel qu'il faut aux abeilles pour produire un poids donné de cire ; les évaluations varient considérablement. D'après les plus récentes expériences tentées à ce sujet, il faudrait environ 7 grammes de miel pour produire 1 gramme de cire (Viallon, Layens).

La propolis est une résine que les abeilles récoltent principalement sur les bourgeons des arbres et dont elles se servent pour boucher, mastiquer les fentes et petites cavités de leur habitation, consolider leurs rayons, recouvrir les cadavres des animaux qui s'introduisent chez elles, etc. Mélangée à de la cire, elle leur sert à construire à l'entrée de la ruche des travaux défensifs contre leurs ennemis du dehors.

(1) Cette quantité varie selon la saison, la population, la race, etc., aussi nos chiffres ne peuvent-ils être qu'approximatifs.

Elles transportent cette résine, comme le pollen, sur leurs pattes de derrière.

La propolis est utilisée comme enduit et vernis ; on l'employait autrefois dans la médecine populaire.

Le pollen, ou poussière fécondante des fleurs, sert principalement à confectionner la nourriture destinée au couvain; on n'est pas encore bien fixé sur le rôle du pollen dans l'alimentation des abeilles adultes, mais il paraît agir chez elles comme reconstituant des tissus lors de la production de la cire. Les abeilles transportent le pollen sur leurs pattes de derrière et l'emmagasinent dans les petites cellules, principalement dans les rayons avoisinant le nid à couvain.

Le miel est une matière sucrée provenant des nectars récoltés par les abeilles sur les plantes, nectars dont elles éliminent l'excédant d'eau et qui subissent dans leur premier estomac ou jabot une légère action chimique qui achève de les transformer en miel. Elles emmagasinent ce miel dans les rayons pour leur nourriture et celle du couvain, et celui qui n'est pas consommé immédiatement est cacheté dans les cellules au moyen de couvercles de cire hermétiques.

Le sucre de canne, présenté aux abeilles sous une forme qui leur permette de l'absorber, est pour elles l'équivalent des nectars, ce qui est une grande ressource pour leur alimentation ; mais le miel qu'elles en font ne pourrait en aucune façon tenir lieu, pour l'homme, de celui qu'elles obtiennent des plantes, dont il n'a ni le goût, ni l'arome, ni les vertus spéciales.

Maniement des abeilles. — *Précautions à prendre lors des visites.* — On ne doit jamais, sous aucun prétexte, ouvrir ni remuer une ruche, sans avoir préalablement envoyé à l'intérieur un peu de fumée par l'entrée, ou par la porte de derrière s'il s'agit d'une ruche à l'allemande. La fumée effraie les abeilles, qui au moindre danger se gorgent de miel et sont ensuite moins enclines à piquer ; elle est sans effet sur les ruches sans provisions. Après avoir enfumé, on attend encore une demi-minute avant de procéder à la visite pour laisser aux abeilles le temps d'absorber du miel. Si les opérations se prolongent on envoie de nouveau un peu de fumée.

On calme aussi les abeilles en aspergeant les rayons de quelques gouttes d'eau sucrée ; c'est une ressource lorsqu'il n'y a pas de miel dans la ruche.

L'enfumoir américain (1) est l'arme défensive par excellence de l'apiculteur; nous l'avons introduit en Suisse dès 1879 et il est mainte-

(1) Coût 4 à 6 francs.

nant partout en usage. C'est un cylindre de fer battu servant de foyer et monté sur un petit soufflet à ressort. Le couvercle de forme allongée donne passage à la fumée. L'enfumoir au repos doit être dans une position verticale pour rester allumé. On y brûle du bois pourri bien sec, le champignon du hêtre, de la tourbe ou bien des chiffons ou du gros papier gris grossièrement enroulés. Si l'enfumoir est bien conditionné, ce sont ces deux derniers combustibles qui durent le plus longtemps sans recharge.

Pour éviter les piqûres, il faut avoir les mouvements doux, ne pas faire de grands gestes ni parer avec la main l'abeille qui annonce de mauvaises intentions ; la meilleure défense est toujours l'immobilité et la fumée. En cas de piqûre, enlever promptement le dard.

Si l'on tient à se protéger la face et le cou, le plus pratique est de se faire un voile avec du tulle noir à larges trous. On en prend un morceau de 45 à 50 cm. sur 1 m., dont on coud ensemble les deux petits côtés, de façon à lui donner une forme circulaire; sur l'un des bords on pose un élastique de la dimension d'un fond de chapeau. Les ailes du chapeau tiennent le voile écarté de la tête, mais il faut engager le bas du voile sous l'habit.

Une première piqûre en attire d'autres; l'odeur du venin irrite les abeilles.

Les abeilles deviennent agressives lorsque, la ruche étant ouverte et la visite se prolongeant, des pillardes provenant des ruches voisines commencent à s'y introduire ; la fumée perd alors son effet. Dans ce cas, le mieux est de remettre la fin des opérations à un autre moment.

Lorsqu'il y a récolte, c'est le milieu du jour qu'on choisit pour faire les visites, parce que les vieilles abeilles, qui sont les moins douces, sont dehors ; au contraire, lorsqu'il n'y a pas de miellée, il convient, afin d'éviter l'inconvénient du pillage, de visiter les ruches à plafond mobile de préférence le matin ou le soir, ou, sinon, de faire l'inspection lestement.

Manière de visiter une ruche à plafond mobile. — Après avoir envoyé un peu de fumée, on enlève le toit ou chapiteau, puis la couverture des cadres (coussin, paillasson, toile, piqué, planchettes, etc.). En hiver, nos ruches ont pour couverture un coussin de balle d'avoine encadré; à la première visite nous ajoutons sous ce coussin une toile peinte ou cirée (ou de la grosse toile de chanvre sans enduit) qui pouvant être repliée sur elle-même permet de ne découvrir la ruche que partiellement et successivement. Cette toile reste à demeure jusqu'à l'automne, mais on pourrait dans notre pays, et à plus forte raison dans le Midi, la laisser toute l'année sans inconvénient, surtout si elle n'est pas cirée ou peinte.

L'aspect de la ruche découverte en dit déjà beaucoup ; on voit le groupe des abeilles, sa position, sa force, et l'on apprend vite à connaître par le genre de bruit que font entendre les abeilles si la colonie est dans un état normal.

Pour sortir un rayon, on écarte préalablement une partition et les cadres voisins de celui qu'on veut examiner, car il ne faut pas qu'il y ait frottement ni contact. Pour faire une revue complète on éloigne une partition d'un espace. ce qui donne la place nécessaire pour sortir le premier rayon sans frottement ; ce premier rayon visité prend la place qu'occupait la partition ; le second visité prend la place du premier et, à la fin de la visite, la seconde partition prend la place du dernier cadre. De cette façon tous les rayons sont successivement passés en revue sans être maniés plus d'une fois.

Plus tard dans la saison, lorsque la ruche est entièrement garnie de rayons, on entrepose dans une boîte le premier rayon sorti, pour le remettre à la fin de la visite à l'autre extrémité de la ruche où la place se trouve faite.

Les porte-rayons sont quelquefois collés assez fortement par leurs extrémités aux feuillures sur lesquelles elles reposent ; on les détache sans secousse en se servant du manche de la brosse d'apiculteur comme levier. (1)

Pour débarrasser un rayon des abeilles qu'il porte, on le tient de la main gauche, toujours dans un plan vertical, et on brosse doucement les abeilles de haut en bas, en tenant la brosse, barbes en haut, dos en bas et légèrement inclinée contre le rayon. Avec un peu d'habitude on arrive à faire tomber presque toutes les abeilles d'un coup, simplement en frappant de la main droite sur la gauche qui tient le cadre. Lorsque le rayon est plein de miel operculé et par conséquent très lourd, on ne peut recourir à ce moyen, mais dans ce cas les abeilles s'enlèvent très facilement avec la brosse. Il ne faudrait pas non plus imprimer une secousse à un rayon portant des cellules à reines.

Comme il ne faut jamais laisser ni cire ni miel à la portée des abeilles hors des ruches, il est bon de se munir d'une caisse portative dans laquelle sont enfermés les rayons de rechange. (2)

(1) Brosse Fusay, allongée, composée d'une seule rangée de pinceaux de crins flexibles, de 5 à 6 cm. de long; coût 1 fr.

(2) Nous employons, pour transporter les rayons, des boîtes à essaims ou ruchettes à 5 cadres, en bois léger, à fond fixe, dont l'entrée ou trou-de-vol a été préalablement fermée; elles sont munies d'une poignée. Coût 3 à 4 fr.

Manière de visiter une ruche à l'allemande. — La ruche à plafond fixe s'ouvrant par l'un des côtés, il est nécessaire d'être muni d'une pince *ad hoc* pour saisir, sortir et replacer les cadres l'un après l'autre, puis d'une caisse sans couvercle ouverte d'un côté comme la ruche, dans laquelle les rayons sortis sont successivement suspendus pendant la visite. Les abeilles restant dans la caisse sont ensuite secouées ou balayées dans la ruche.

Les opérations se faisant à l'intérieur du pavillon-rucher, on peut les faire par tous les temps; le pillage n'est pas à craindre, mais les visites demandent plus de temps.

Les ruches à l'allemande ont une seule partition vitrée; la paroi mobile constitue la porte. Le dessus des cadres est généralement recouvert de planchettes, plus, en hiver, d'un paillasson, d'un coussin, de vieilles étoffes, etc.

Visite Générale. — Dans la seconde quinzaine de mars, on peut généralement, chez nous, procéder à l'inspection des ruches. On choisit une journée de beau temps qui ait été elle-même récemment précédée d'une autre belle journée ayant permis aux abeilles de faire une sortie en masse. Lorsque les abeilles font leur *première* grande sortie, elles sont très excitées et si l'on ouvrait les ruches à ce moment-là, il risquerait d'y avoir des reines tuées.

L'apiculteur a trois choses à vérifier: les provisions, la présence de la reine et le couvain.

Provisions. — En hiver, tant qu'il n'y a pas de couvain, la consommation d'une colonie, mise en hivernage dans de bonnes conditions, est assez faible: environ 600 gr. par mois; mais, dès que l'élevage du couvain a commencé, la consommation augmente graduellement et finit par devenir très considérable. Selon que cet élevage a commencé tôt ou tard, ce qui dépend soit de l'état du temps, soit de celui de la colonie, les provisions restantes peuvent varier beaucoup à la fin de mars. Il devient donc nécessaire de s'assurer de l'état de ces provisions.

Pour qu'une colonie, au printemps, puisse prendre son développement normal et donner un rendement, elle doit être dans l'abondance et toute économie que l'apiculteur serait tenté de faire de ce chef tournerait à son détriment. C'est absolument comme si l'agriculteur faisait l'économie du fumier pour son champ. Or, de la fin de mars à la grande récolte (seconde quinzaine de mai), cette colonie aura besoin de 12 à 13 k. au moins, et comme les miellées qui peuvent se présenter dans cette période: saules, ormes, érables, arbres fruitiers, colza, cardamine, dent-de-lion, marronniers, etc., sont trop variables et trop précaires pour qu'on puisse compter sur elles, l'apiculteur fera bien de surveiller les provisions et de devancer toujours les besoins des abeilles.

Les colonies trouvées à court de vivres en mars devront recevoir du miel en rayon, du sucre en plaque ou du sucre sans eau (voir JANVIER-FÉVRIER). Ce n'est que lorsque la température s'est réchauffée, en avril, qu'on peut donner de la nourriture liquide, qui excite les abeilles à sortir (voir plus loin *Nourrissement stimulant*). Le sucre sans eau peut être administré au moyen d'un nourrisseur-partition, ou partition évidée contenant le sucre et dans laquelle les abeilles s'introduisent par un passage longitudinal ménagé en haut (voir *Sucre sans eau*).

Recherche de la reine. — Pour s'assurer de la présence d'une reine, il n'est pas toujours nécessaire de la voir ; il suffit de s'assurer qu'il y a des œufs ou du tout jeune couvain. Pour trouver les œufs, il faut sortir les rayons les uns après les autres en commençant par ceux du centre et regarder dans les cellules en tournant le dos au soleil ; les œufs apparaissent sous la forme de petits bâtons blancs collés au fond. Aussitôt que l'œuf est éclos, les nourrices garnissent le fond de l'alvéole d'une gelée blanchâtre, perceptible aussi au grand jour. La présence d'œufs ou de tout jeune couvain indique que la reine était encore à son poste trois ou quatre jours auparavant. Il peut arriver que les œufs soient l'œuvre d'ouvrières pondeuses, mais, dans ce cas, il est facile de le reconnaître, parce qu'ils sont pondus irrégulièrement et le plus souvent en grand nombre dans la même cellule. Le cas, peu commun avec nos races européennes, est beaucoup plus fréquent chez les races asiatiques.

L'apiculteur quelque peu exercé est généralement fixé sur la présence de la reine par le genre de bruit produit par la colonie au moment où l'on découvre la ruche, ou lorsqu'on frappe contre les parois en prêtant l'oreille. Si les abeilles font entendre un bruissement vif qui s'arrête promptement et franchement, c'est que la reine est là ; si le bruit se prolonge en augmentant d'intensité, la colonie est probablement orpheline. Ce signe est infaillible au printemps lors des premières visites, plus tard il est moins sûr. Il y a d'autres indices extérieurs de l'absence de la reine : lorsque les abeilles errent devant l'entrée d'un air inquiet, comme si elles cherchaient quelque chose, c'est qu'elles ont perdu leur mère récemment ; une famille qui conserve ses mâles après la récolte, lorsque toutes ses voisines ont expulsé les leurs, est souvent orpheline. Des auteurs prétendent que les ruchées orphelines ne récoltent que peu ou pas de pollen ; c'est une erreur, car c'est dans les ruches privées de mère depuis un certain temps qu'on trouve les plus grosses accumulations de pollen.

Il est cependant beaucoup de cas où il est nécessaire de voir la reine, soit pour s'assurer d'une façon indubitable de sa présence, soit pour la prendre et la remplacer, soit enfin, lorsqu'il s'agit de former des essaims, pour l'emporter avec le rayon qui la porte, ou au contraire pour la conserver à la ruche.

Au premier printemps, lorsque les colonies sont encore peu peuplées, il n'est pas difficile de la voir. Elle se trouve sur les rayons du centre qui contiennent le couvain, et en visitant ceux-ci les premiers on a la plus grande chance de la trouver promptement. Elle est très craintive (les Italiennes le sont moins) et fuit souvent de rayon en rayon à mesure que l'apiculteur déplace les cadres.

Au contraire, lorsque la population s'est développée et que la ruche regorge d'abeilles, la recherche de la reine n'est pas une petite affaire et, bien que l'habitude rende habile, il peut arriver aux plus exercés d'avoir à passer plusieurs fois en revue tous les rayons de la ruche avant de découvrir cette précieuse petite personne. Voici à ce sujet les directions que M. Ch. Dadant a données dans le temps aux lecteurs de la *Revue* (année 1879, p. 219):

« Quand on opère sur une ruche à rayons mobiles, si l'on a affaire à une ruchée commune ou métisse, il est bon de donner peu de fumée, pour ne pas effrayer plus qu'il n'est nécessaire la reine et les abeilles.

« Je conseillerai aux débutants de faire leurs premiers essais durant le temps où la miellée du printemps donne et à des heures où toutes les butineuses sont aux champs : il y aura moins d'abeilles dans la ruche, moins d'excitement, parce qu'il n'y aura pas de pillage, et la recherche sera plus facile.

« Généralement, on trouve la reine sur un des rayons du couvain. Si les premiers cadres n'ont pas de couvain, on leur jette un coup d'œil à la hâte et on les place en dehors de la planche de partition s'il y a de la place dans la ruche, ou dans une autre boîte si on n'a pas de place libre dans la ruche. On se donne ainsi assez d'espace pour pouvoir examiner la face du rayon suivant dès qu'on aura sorti celui qui le précède. La reine commune étant très timide s'empresse de faire le tour du rayon, sur lequel la lumière frappe dès qu'on a levé le précédent, et souvent on peut l'y saisir ou lever le rayon avant qu'elle l'ait quitté.

« Si on n'aperçoit pas la reine sur le rayon qui est encore dans la ruche, on examine avec soin les deux faces de celui qu'on tient à la main et on passe au suivant.

« Si, après avoir visité et examiné tous les rayons, on n'a pas trouvé la reine, on recommence, en examinant les endroits où la reine peut se cacher sous les abeilles, ce qu'elle fait souvent quand le temps est frais.

« Si cette nouvelle recherche n'aboutit pas, on sort tous les rayons de la ruche, puis on examine si la reine ne se trouve pas sur une des parois.

« Si la reine est invisible, on lève la ruche, on frappe un des coins à terre (je suppose que son plancher est momentanément attaché) et les abeilles tombent toutes en tas; la reine alors, plus forte ou plus agile, vient immédiatement au-dessus de la masse, où il faut se hâter de la saisir (par les ailes, jamais autrement, E. B.).

« Si, enfin, ce moyen ne réussit pas, on a la ressource de secouer ou brosser toutes les abeilles dans une boîte, puis de procéder comme nous l'avons indiqué à la méthode par le tapotement (on verse les abeilles sur une toile devant la ruche, celles-ci rentrent en procession et il est facile de voir et de saisir la reine lorsque, escaladant les ouvrières, elle se hâte d'arriver à la ruche).

« Les longs développements que je viens de donner pouvant décourager les commençants, je dois leur dire que d'aussi minutieuses recherches sont très rarement nécessaires; elles ne le sont presque jamais quand on a un peu d'expérience.

« Pendant les temps de disette de miel dans les champs, la recherche des reines est plus difficile à cause des pillardes qui, s'introduisant dans la ruche dès qu'elle est ouverte, y mettent le trouble et rendent les ouvrières difficiles à maîtriser. Quand dans ces circonstances la découverte de la reine tarde, il vaut mieux ne pas s'acharner à sa recherche, mais renvoyer l'opération au lendemain. »

Un moyen qui réussit généralement quand la population est forte, mais qui n'est pas expéditif, consiste à intercaler un rayon vide dans le nid à couvain; le lendemain on trouve généralement sur ce rayon la reine occupée à pondre.

Reines bourdonneuses. — Il peut arriver qu'une colonie possède encore sa reine, mais que celle-ci soit bourdonneuse, ce qui se reconnaît à la présence d'une forte proportion de couvain de mâles (opercules bombés) ou même à l'absence complète de couvain d'ouvrières. Il ne faut pas hésiter dans ce cas à supprimer la reine et à traiter la colonie comme suit.

Colonies orphelines. — Une famille sans reine est destinée à périr misérablement et assez promptement si elle n'est pas en état de s'élever elle-même une nouvelle mère ou si on ne lui en fournit pas une. Les ouvrières perdent courage, deviennent incapables de se défendre contre les pillardes et la fausse-teigne, et la population ne se recrutant pas diminue rapidement jusqu'à extinction complète.

Au printemps, il ne faut pas songer à laisser une colonie destinée à la production du miel se livrer à l'élevage de reines, même si l'on prévoit que les jeunes reines pourront trouver des mâles pour se faire féconder. Une interruption de trois semaines au minimum dans la ponte serait fatale au développement de la population, qui ne se produirait pas à temps pour la récolte. Il n'y a d'exception que pour les contrées à grande récolte très tardive.

Une ruchée orpheline doit recevoir aussitôt que possible une reine, qu'on peut commander à un éleveur si l'on n'en possède pas soi-même en réserve dans des ruchettes; ou bien elle doit être réunie à une voisine qu'elle renforcera (voir *Réunions*).

Le remplacement des reines est une opération délicate, demandant à être faite avec beaucoup de soin et pour laquelle on n'a malheureusement pas encore de recette infaillible. Il existe une infinité de procédés d'*introduction* et nous ne serions pas embarrassé d'en indiquer une vingtaine, mais nous nous bornerons à décrire aux débutants celui que nous employons toujours lorsqu'il s'agit d'une reine de quelque valeur; c'est la méthode de M. Ch. Dadant et, à de légères variantes près, celle que préfèrent la majorité des apiculteurs mobilistes.

Dans sa *Théorie et Pratique de l'Introduction des Reines* (*Revue* 1884, p. 62), M. Dadant pose en principe quatre axiomes qui résument à peu près la théorie entière :

1° Dans l'introduction d'une reine le plus grand danger de non réussite se trouve dans l'effroi qu'elle peut montrer au moment où elle est libérée.

2° L'entrée de quelques pillardes dans la ruche où on fait l'introduction peut, en mettant les abeilles sur leurs gardes, leur inspirer une défiance fatale à la reine qu'on tente d'introduire.

3° Une colonie qui a des ouvrières pondeuses n'accepte pas la reine qu'on lui donne.

4° Une ruchée qui a reconnu l'absence de sa mère depuis assez longtemps pour avoir commencé les préparatifs en vue d'en élever une autre, sera portée à tuer la reine qu'on voudra lui donner.

Ainsi : dans le cas où la reine à introduire prend la place d'une reine supprimée, son introduction doit avoir lieu immédiatement après la suppression de l'autre. Si la colonie est orpheline depuis plusieurs jours, avant d'introduire la reine il faut faire une revue minutieuse des rayons et supprimer tous les alvéoles royaux formés ou commencés.

Lorsqu'une colonie est orpheline depuis longtemps, la reine a moins de chance d'être acceptée ; les abeilles sont vieilles et mal disposées. Si l'on met dans la ruche, quelques jours avant l'introduction, un ou deux rayons de couvain de différents âges, la reine trouvera de jeunes abeilles qui lui feront meilleur accueil, mais l'opération reste néanmoins chanceuse et il est souvent préférable de réunir la colonie à une autre.

Voici le procédé d'introduction :

La nouvelle reine est préalablement mise en cage sans aucune compagne. On doit la saisir par les ailes entre le pouce et l'index ou au moyen de brucelles. La cage est un étui fait d'un morceau de toile métallique de 8 à 9 cm. dans les deux sens ; les mailles doivent être assez larges pour que les abeilles puissent nourrir la reine au travers (environ 50 fils au dcm.). Chaque bout est fermé par un bouchon.

On écarte légèrement deux rayons contenant du couvain et si le miel est rare dans les fleurs, on choisit au moins un des rayons ayant du miel operculé. L'étui est placé entre ces deux rayons que l'on rapproche pour le maintenir ; dans les ruches à l'allemande on peut ajouter à l'étui un petit crochet de fil de fer pour le suspendre au porte-rayon. Plus le miel sera rare dans les fleurs, plus il sera nécessaire que l'étui touche le couvain et le miel ; la reine doit pouvoir au besoin se nourrir elle-même à travers l'étui.

La ruche est ensuite fermée et laissée sans être dérangée pendant 40 à 48 heures.

Au bout de ce temps on l'ouvre de nouveau. Si les abeilles sont tranquilles, on soulève un des bouts de la cage si elle est placée horizontalement et on saisit le moment où la reine est en bas pour enlever le bouchon du haut et le remplacer par un autre fait d'un morceau de rayon de miel ou, ce qui vaut mieux en temps de disette, d'un morceau de rayon trempé dans du sirop. Puis on referme la ruche, laissant aux abeilles le soin de délivrer la reine. Elles se mettent à sucer le miel ou le sirop et à ronger le bouchon de cire. Pendant ce temps la colonie a chassé les pillardes, s'il s'en était introduit, et repris son calme. La reine, en sortant de sa cage, se trouve sur le couvain, à la place où elle se tient d'habitude, et l'opération a réussi ; mais il est prudent d'attendre trois ou quatre jours au moins avant d'ouvrir de nouveau la ruche.

Si, au moment de faire le changement du bouchon, on remarque que les abeilles sont mal disposées, qu'il y a des ouvrières essayant de pénétrer dans la cage et excitées, c'est que quelque cause les empêche d'accepter la reine. Dans ce cas, il ne faut pas lui donner la liberté immédiatement, mais rechercher auparavant le motif de cet état de choses.

La cause la plus ordinaire est la présence d'alvéoles royaux, qu'il faut détruire; la libération de la reine peut alors être de nouveau tentée 24 heures plus tard, mais il faut veiller à ce qu'elle puisse se nourrir dans l'intervalle. Quelquefois l'hostilité des abeilles est due à la présence d'une seconde reine dans la ruche ; ce cas est moins rare qu'on ne le suppose généralement ; il s'est présenté dans nos ruchers.

Lorsque les abeilles ne trouvent pas de miel au dehors, il est bon de nourrir (le soir) la ruche, les deux jours que dure l'introduction.

Les reines arrivées de l'étranger sont fatiguées et il convient de leur laisser quelques heures de repos avant de les introduire.

Si, par défaut d'habitude, éprouvant de la difficulté à trouver la reine à supprimer, on était forcé de remettre l'opération au soir ou au lendemain, il faudrait prendre la précaution de nourrir la reine dans son étui. On peut la mettre dans une ruchée quelconque, entre deux rayons de miel qu'on égratigne ; on peut aussi la conserver dans une pièce suffisamment chaude, en lui donnant du miel ou du sirop de sucre. Pour cela on place quelques gouttes de bon miel ou de sirop sur du papier blanc et on roule l'étui dans ce papier. M. Dadant, que nous citons textuellement pour ce dernier paragraphe, dit avoir conservé ainsi des reines avec 4 à 5 abeilles pendant plusieurs semaines pour expérience, avec la seule précaution de renouveler la provision tous les jours.

Réunions. — Pour réunir deux colonies ensemble, opération qu'on fait le soir, il faut préalablement les enfumer un peu pour leur faire absorber du miel et même, par surcroît de précaution, les asperger d'eau sucrée, dont on prend des gorgées qu'on répand en pluie fine sur les rayons en serrant les lèvres. On espace les rayons de la ruchée qui recevra l'autre et on intercale les rayons de cette dernière avec les abeilles qu'ils portent. Les abeilles restant dans la ruche vidée sont balayées ou secouées dans l'autre ; puis, on envoie de nouveau de la fumée et on referme.

Il faut avoir soin de grouper ensemble au centre les rayons contenant du couvain. Si tous les cadres ne trouvent pas place dans la ruche, on emporte naturellement les moins garnis de miel après en avoir brossé les abeilles. Le lendemain, si la température est encore froide, on retire les rayons non occupés par les abeilles pour rétrécir l'habitation.

Lorsqu'une colonie sans reine est réunie à une autre, c'est cette autre qui doit recevoir les rayons de l'orpheline. Si les deux familles ont chacune leur reine, on peut laisser aux abeilles le soin de choisir celle qu'elles garderont, mais si l'apiculteur sait qu'une des deux est meilleure que l'autre, il fera bien de détruire lui-même la moins bonne.

Une très grande disproportion de population entre deux familles peut être cause de l'extermination de la plus faible, si l'on ne prend pas un surcroît de précaution, comme, par exemple, de donner aux deux colonies avant la réunion du sirop parfumé (anis, menthe, etc.). De même si l'on ne veut pas exposer la vie d'une reine de prix, on l'enferme pendant 24 heures dans une cage entre deux rayons, comme dans les introductions.

Précautions lors des réunions, déplacements ou suppressions de ruchées. — La ruche dans laquelle on vient de faire une réunion, de même que toute ruchée déplacée à petite distance (déplacement qu'il faut éviter autant que possible) doit recevoir immédiatement, devant son entrée, une pièce de bois inclinée qui masque suffisamment le trou-de-vol pour forcer les abeilles à s'apercevoir, dès leur sortie, que leur domicile a changé, et à s'orienter de nouveau avant de s'éloigner. Au bout de quelques jours la pièce de bois devient inutile.

Pour déplacer une colonie à petite distance, il est préférable, si cela se peut, de lui faire faire autant d'étapes qu'elle a de mètres à parcourir; on la déplace le soir après chaque jour de sortie des abeilles. Il se perd ainsi moins d'abeilles. Autrement on a recours à l'obstacle devant l'entrée, comme dans les réunions. Ces précautions ne sont pas nécessaires si la colonie est transportée à plus d'un kilomètre.

Lorsqu'on supprime une colonie par réunion, il faut emporter la ruche vide ou tout au moins la masquer, de façon à dépister les abeilles qui voudraient y rentrer.

Mais reprenons notre visite.

Ouvrières pondeuses. — Il se peut enfin que la ruchée ne possède que du couvain de mâles, sans reine, situation due à la présence d'ouvrières pondeuses. Cette colonie n'a plus aucune valeur et doit être démontée. Nous emportons la ruche à quelque distance et secouons les abeilles par terre, après leur avoir fait absorber du miel pour leur donner la chance d'être bien accueillies par les colonies voisines. Peut-être vaudrait-il autant la détruire. On peut aussi répartir abeilles et rayons entre plusieurs colonies, en prenant les précautions usitées dans les réunions.

Couvain. — Les opercules du couvain sont de couleur brunâtre et plus ou moins foncés selon l'âge du rayon. La présence de plus ou moins grandes plaques de couvain d'ouvrières *compacte* est l'indice d'une bonne reine. Si le couvain est par trop disséminé sur le rayon, la ruchée est à surveiller. Il se peut que la reine soit affaiblie, mais on sera mieux fixé sur ce point à la seconde visite huit ou dix jours plus tard.

Quelquefois la dissémination du couvain est le précurseur de la maladie de la loque dont nous reparlerons plus loin et qui est assez rare heureusement à l'état spontané, mais très contagieuse. Si l'apiculteur a quelque motif de se méfier de son voisinage ou de la provenance d'abeilles récemment acquises, il peut, par mesure de prudence, déposer dans la ruche un peu de camphre dans un chiffon ou du papier et renouveler la dose après évaporation.

On voit quelquefois apparaître du couvain de mâles dès la fin de mars dans les fortes colonies, mais, en général, lorsque la ponte des mâles commence déjà en février et mars, c'est l'indice que la reine est affaiblie : ruche à surveiller.

Il peut arriver qu'une ruche possédant une reine n'ait pas encore de couvain dans la seconde quinzaine de mars, bien que le cas soit rare. Le simple fait de la visite doit provoquer la ponte ; si donc deux ou trois jours plus tard on ne trouve pas d'œufs, c'est que la reine ne vaut rien.

Colonies à démonter. — En résumé, toute colonie trouvée orpheline avant la grande récolte doit recevoir immédiatement une reine ou être réunie à une autre. Toute colonie ayant une reine affaiblie ou bourdonneuse doit être rendue orpheline et traitée comme telle. Toute colonie infestée d'ouvrières pondeuses doit être démembrée.

Les colonies orphelines étant très sujettes à être pillées, on doit remédier à leur état aussitôt que possible, car le pillage se généralise promptement et peut amener la ruine d'un rucher.

Ruchées faibles. — Les colonies faibles en population à la fin de mars doivent être conservées si elles ont une reine et du couvain d'ouvrières, car elles peuvent parfaitement, avec des soins, se développer à temps pour la grande récolte. Ce sont elles qui doivent de préférence recevoir les populations orphelines. C'est seulement dans la seconde moitié d'avril ou en mai qu'il faut rendre orphelines et réunir à d'autres familles celles restées peu peuplées. Il est trop tôt fin mars pour décider du sort d'une colonie faible et de la valeur d'une reine.

Nettoyage des ruches. — Lors de la visite, il faut racler et essuyer les plateaux. Le racloir est une lame de fer de 1 cm. de largeur montée en T sur un long manche. Pour les ruches à plateaux mobiles, on soulève la caisse par derrière au moyen d'un cale et on passe le racloir, puis la brosse. Un bon moyen consiste à avoir un plateau de rechange: la ruche est déplacée avec son plateau, le nouveau plateau prend sa place et la ruche est remise dessus. L'ancien plateau nettoyé sert pour la ruche suivante.

On fait disparaître l'humidité des ruches en ôtant les couvercles quand il fait beau. Le soleil donne sur les coussins ou paillassons et en pompe l'humidité. S'il s'agit de ruches s'ouvrant par le côté, on sort les paillassons et on les expose au soleil.

Les abeilles nettoient les rayons moisis, mais si la population est faible il vaut mieux ôter ceux qui sont trop atteints, pour les faire nettoyer plus tard par quelque forte colonie.

Lorsqu'une ruche est démontée, il faut en profiter pour la racler à l'intérieur et la réparer ou repeindre s'il y a lieu. Et même, si l'on a quelque motif pour redouter la loque, la prudence indique qu'il faut aussi la désinfecter soit au moyen de la vapeur de soufre, soit en la lavant avec l'un des désinfectants connus.

Aplomb des ruches. — On a l'habitude, pour l'hiver, d'incliner légèrement en avant les ruches mobiles (cela ne peut se faire avec les ruches assemblées en pavillon), afin de faciliter l'écoulement des eaux de condensation. Il faut avoir soin au printemps de remettre les caisses bien d'aplomb, autrement les abeilles, qui suivent une direction verticale dans leurs constructions, risqueraient de ne pas bâtir dans le plan exact des cadres. L'aplomb est également nécessaire au bon fonctionnement des nourrisseurs; nous réglons nos plateaux au moyen d'un petit niveau à eau.

Précautions contre le froid. — C'est au sortir de l'hiver, lorsque le couvain apparaît et prend un certain développement qu'il est *de toute importance* de veiller à la conservation de la chaleur dans les ruches. On doit se garder d'enlever l'attirail d'hiver: paillassons, coussins, etc., car il devient plus nécessaire que jamais. De même il faut laisser les ruches ouvertes le moins longtemps possible et restreindre au strict nécessaire l'espace réservé aux abeilles. Les rayons non occupés par elles sont enlevés (et les partitions rapprochées d'autant) pour être rendus lorsqu'il fera plus chaud ou que la place manquera.

Diarrhée des abeilles. — Les abeilles sont sujettes, surtout en hiver et au printemps, à une incontinence qui a pour résultat de leur faire lâcher leurs excréments soit dans la ruche soit sur ses abords, au lieu de les rendre au dehors en volant, comme c'est leur habitude lorsqu'elles sont bien portantes. Au début ce n'est pas une maladie à proprement parler, mais une simple indisposition, due avant tout à une réclusion prolongée et souvent causée ou aggravée par la mauvaise qualité de la nourriture. Cependant cet état, lorsqu'il se prolonge, finit par prendre un caractère contagieux par l'infection qu'il produit dans la ruche et peut amener la mort des abeilles et le dépeuplement de la colonie. Chez nous, il prend rarement des proportions graves et cesse d'habitude aussitôt que les abeilles peuvent faire de fréquentes sorties et changer de régime. Une nourriture trop claire, donnée tardivement à l'automne, les prédispose à la diarrhée ; on accuse aussi les miels de bruyère, certaines miellées de feuilles d'arbres, etc.

La fausse-teigne est un petit papillon de nuit qui dépose ses œufs soit dans les ruches mêmes, soit à l'entrée de celles-ci ou dans les fissures de leurs parois, et dont les larves ou chenilles (blanches, à tête rousse) se nourrissent des matières azotées contenues dans les rayons. On en voit toujours quelques-unes au printemps dans les rayons de couvain, qu'elles sillonnent de leurs galeries tapissées de soie. Ces chenilles font de grands ravages dans les contrées chaudes, mais chez nous, à de rares exceptions près, elles ne causent réellement de dégâts que dans les ruches négligées, orphelines ou dépeuplées et dans les rayons sortis des ruches lorsqu'ils ne sont pas mis à l'abri de leurs atteintes. Lorsqu'on rencontre des chenilles de fausse-teigne, il faut les détruire (en ouvrant leurs galeries avec une épingle), mais le plus sûr moyen de s'en préserver est de nettoyer fréquemment les plateaux des ruches au printemps.

Les Italiennes s'en défendent beaucoup mieux que la race commune.

On en garantit les rayons de réserve, soit en les enfermant dans une caisse ou armoire où l'on brûle de temps en temps un peu de soufre (à la condition qu'ils soient bien secs et gardés en lieu sec), soit, dit-on, en tenant du camphre dans l'armoire, ou simplement en les suspendant dans un local sombre, frais et aéré.

Précautions contre le pillage. — L'abeille est essentiellement avide de matières sucrées et a le sens de l'odorat très développé. Elle préfère par-dessus tout le nectar des plantes, mais lorsqu'il n'y a pas de miellée, son activité la porte à fureter partout en quête de butin, et si elle peut s'emparer des provisions de ses voisines elle ne s'en fait pas faute.

Lorsque les fleurs ne donnent pas, il y a constamment autour de chaque ruche quelque rôdeuse cherchant à s'introduire, et si l'une d'elles réussit à tromper la vigilance des gardiennes et à emporter un chargement de miel, elle reviendra avec des camarades qui tenteront d'entrer de vive force. Les ruchées dans des conditions normales, c'est-à-dire qui ont une population ordinaire, une reine et du jeune couvain, se défendent bien (1), mais celles qui sont orphelines, ou qui sont très faibles en population, ou qui n'ont pas de couvain, ou dont l'entrée est trop grande (en temps de disette au dehors) pour être facilement gardée, ou qui, par suite d'un accident survenu à un rayon ou d'une fausse manœuvre, répandent une forte odeur de miel, celles-là risquent fort d'être attaquées et d'avoir le dessous. Les colonies que l'on nourrit et celles dont l'habitation présente des fissures sont également plus sujettes à être pillées.

La nourriture, à l'exception du miel en rayon et du sucre à l'état solide, doit toujours être donnée le soir et retirée le matin s'il en reste dans le nourrisseur. Les entrées doivent être tenues plus étroites tant que la miellée ne donne pas, et être réduites au passage d'une ou deux abeilles pour les colonies très faibles, orphelines ou fraîchement transvasées.

L'odeur du miel ou du sirop répandu grise les abeilles ; celles qui ont pu soit se livrer au pillage d'une ruche voisine, soit s'emparer de matières sucrées laissées imprudemment à leur portée hors des ruches, deviennent tout à fait excitées ; elles se jettent sur les autres colonies et cela peut tourner à une bataille générale dans le rucher. C'est surtout au printemps, puis après la principale miellée qu'il faut exercer une grande surveillance. Une ruche laissée ouverte, un rayon de miel oublié au dehors, du sirop répandu peuvent avoir les plus graves conséquences. De même, toutes les manipulations de miel doivent être faites dans un local clos sans fissures. Il nous est arrivé de voir une maison, où l'on extrayait le miel dans une pièce ouverte, littéralement assiégée ; les abeilles se battaient au rucher et attaquaient les passants sur la route. Gare aux animaux dans ces cas-là. Un désordre analogue s'est produit dans un rucher où l'on avait laissé entr'ouverte l'armoire aux rayons.

Lorsque le pillage a pris un certain développement il n'est pas facile de l'arrêter ; après en avoir supprimé la cause originelle, il faut rétrécir les entrées de toutes les ruches et asperger d'eau (sous forme de pluie) celles où le pillage se produit. On peut aussi emporter à la cave soit les ruchées qui pillent, soit les pillées. On a conseillé de poser sur

(1) Les Italiennes et surtout les Chypriotes se défendent mieux que la race commune ; les Carnioliennes sont les moins habiles de toutes, c'est leur principal défaut.

la planchette d'entrée de la ruche pillée un chiffon imbibé d'acide phénique, de transformer son entrée en un long défilé au moyen d'un petit conduit, d'incliner une lame de verre devant l'entrée, etc. Tous ces derniers moyens réussissent quelquefois, mais souvent ne suffisent pas.

Manière de peupler une ruche. — On ne devrait débuter en apiculture qu'avec une seule colonie, deux tout au plus, si l'on veut se rendre compte des dangers que présente le pillage, cette pierre d'achoppement des ruchers mal tenus. La première année se passe à observer, à s'aguerrir, à se rendre compte des ressources que présente la contrée et du plus ou moins d'aptitude et de goût qu'on se sent pour la culture des abeilles, à faire son premier apprentissage en un mot, car il faut plus d'un an pour faire un apiculteur. A quoi bon se lancer dans des dépenses avant de savoir si l'on sera disposé à continuer.

Pour peupler une ruche à rayons mobiles on peut s'y prendre de deux manières : transvaser une colonie avec ses rayons de l'habitation où elle se trouve dans celle qu'on lui destine, ou bien introduire dans la ruche préparée un essaim fraîchement recueilli (voir plus loin *Mise en ruche d'un essaim*). Le premier moyen n'est guère à la portée de celui auquel les abeilles sont tout à fait étrangères s'il n'a pas l'aide d'un praticien, mais s'il a un voisin expérimenté pour lui donner un coup de main, c'est le meilleur, en ce que la colonie peut entrer en campagne, dès le premier printemps, armée de toutes pièces. Nous décrirons du reste ci-après comment on s'y prend pour faire un transvasement.

Pour se procurer des essaims, on peut soit acheter à l'avance une ou plusieurs ruchées communes et attendre qu'elles essaiment, soit s'inscrire chez un voisin pour des essaims quand il lui en sortira.

Pour l'achat d'une ruchée, si le vendeur est honnête, le mieux est de s'en rapporter à lui ; si l'on s'adresse à un étranger, il faut retourner la ruche après l'avoir légèrement enfumée et s'assurer que les rayons en sont bien couverts d'abeilles, qu'elle contient quelques provisions et une certaine quantité de couvain. Le couvain se trouve d'habitude au centre de la ruche et on le reconnaît à ce que les couvercles des cellules qui le contiennent sont d'un brun clair, tandis que ceux du miel sont jaunâtres et moins opaques. Les couvercles plats indiquent du couvain d'ouvrières, tandis que les bombés recouvrent des nymphes de mâles ; s'il se trouve un trop grand nombre de ceux-ci ou si l'on en aperçoit dans une ruche avant le mois d'avril, c'est généralement un mauvais signe. La reine ne pondant pas en novembre, décembre et janvier, il ne faut pas s'attendre à trouver du couvain à cette époque; même en février il n'y en a pas toujours, aussi vaut-il mieux n'acheter qu'en mars ou avril, afin de pouvoir vérifier par le couvain la présence de la reine. Une ruche qui a donné un essaim l'année précédente est en possession d'une jeune reine.

Transport des ruchées. — Pour transporter une ruche en paille à distance, on la tient retournée et couverte d'une serpillière ou d'une toile à fromage bien ficelée. Pour l'entoiler sans être piqué et sans perdre d'abeilles on s'y prend avant le soir. On enlève la ruche de son plateau après avoir enfumé légèrement, on balaie celui-ci et on le couvre de la serpillière, puis on remet la ruche en place en s'assurant que l'entrée n'est pas obstruée. Le soir, quand toutes les abeilles sont rentrées, on relève la serpillière autour de la ruche en commençant du côté de l'entrée, on la ficelle et on retourne la ruche qu'on emporte, soit immédiatement soit le lendemain matin. Si les rayons sont grands ou allongés dans le sens horizontal, il est bon de les soutenir en passant une ou deux baguettes au travers de la ruche, perpendiculairement aux rayons. L'opération devra être faite la veille du transport, afin de laisser aux abeilles le temps de souder les rayons aux baguettes.

Pour détoiler la ruche on la repose préalablement sur son plateau et on détache la serpillière qu'on étale, puis, un peu plus tard, quand les abeilles sont calmées, on soulève la ruche et on retire la toile en secouant les abeilles qui y sont accrochées.

S'il s'agit de transporter une ruche à cadres habitée, on en ferme l'entrée et on remplace ce qui recouvre les cadres par une serpillière ou un châssis tendu de toile métallique. Si les cadres ne sont pas maintenus en place, comme dans les ruches Layens ou Dadant, par des agrafes et équerres, il faut les consolider, en intercalant entre eux sur les côtés des bandes de bois, ou en employant tel autre moyen adapté au genre de construction de la ruche.

Les abeilles en voyage ont grand besoin d'air, même en hiver; elles développent beaucoup de chaleur et, faute d'une aération suffisante, elles peuvent périr suffoquées ou les rayons peuvent se détacher. En été, il faut éviter les heures de grosse chaleur. Le char doit être sur ressorts et la ruche sur un lit de paille.

Transvasements. — On peut transvaser une colonie d'une ruche vulgaire en une ruche à cadres en toute saison, mais la période de la mi-mars à la mi-avril est, avec l'automne, l'époque la plus favorable.

Voici une manière de transvaser une ruche en paille :

On peut opérer sur une table en plein air, loin de tout rucher, mais les abeilles sont attirées de si loin par l'odeur du miel, qu'il est infiniment préférable, afin d'éviter le pillage, de le faire dans un local clos, en face d'une fenêtre fermée, munie au bas d'une feuille de carton destinée à recevoir les abeilles qui tombent fatiguées après avoir bourdonné quelques instants contre les vitres. Ces abeilles doivent être assez fréquemment versées dans la ruche, car elles périssent très vite d'inanition.

Celles qui étaient aux champs lorsque la colonie à transvaser a été emportée sont recueillies dans une ruche vide qu'on a eu soin de laisser à sa place. Après l'opération elles seront réunies au reste de la famille.

Lorsqu'il fait chaud et que la colonie est déjà populeuse, il y a avantage à extraire préalablement la majorité des abeilles de la ruche par le *tapotement ;* mais au printemps on peut très bien s'en dispenser, à la condition de détacher les rayons avec plus de précautions, afin de ne pas blesser la reine.

Le tapotement sert soit dans les transvasements, soit pour extraire (en saison favorable) un essaim artificiel d'une ruche à rayons fixes. Nous allons décrire cette opération, mais répétons qu'elle ne réussit bien que lorsque la température est déjà chaude.

On enlève la ruche de son plateau après l'avoir légèrement enfumée, on la place, retournée, entre les jambes d'une escabelle renversée et on dispose dessus, dans la position d'un couvercle de boîte entr'ouvert, une petite ruche de paille ou capote ; une brochette de bois plantée dans les bords des deux paniers fait office de charnière et deux tringles de fil de fer recourbées aux extrémités servent de supports pour maintenir la capote soulevée à un angle d'environ 45°. (1) Les bords des deux paniers doivent se rencontrer à un endroit où aboutissent les rayons du centre. Si la ruche habitée est percée d'une ouverture dans le fond, on en profite pour introduire de temps en temps un peu de fumée pendant la manœuvre. L'opérateur, placé le dos au jour en face de l'ouverture et muni de deux baguettes, procède au tapotement en commençant par le fond de la ruche, puis continue sur les bords graduellement, sans secouer le panier vide, dans lequel les abeilles doivent finir par se réfugier avec la reine au bout de 5 à 20 minutes, selon les circonstances. On frappe doucement de façon à ne pas endommager les rayons et on reprend haleine de temps en temps. Les abeilles

(1) C'est depuis que nous connaissons la manière d'opérer de M Cowan et de plusieurs autres apiculteurs, que nous donnons cette position au panier vide. Autrefois (*Conduite 1882*), nous le placions comme un couvercle fermé, ce qui empêchait de suivre l'ascension des abeilles.

seront mieux disposées à monter dans le panier vide si l'on a eu soin de verser, dix minutes avant de commencer, un peu de sirop chaud sur le sommet des rayons. Si l'on suit des yeux l'ascension des abeilles, on a beaucoup de chance de voir passer la reine qui grimpe à la surface sur le dos des ouvrières. Il est rare que toutes les abeilles quittent la ruche, l'important est que la reine ait passé.

Pour les essaims à extraire, c'est au juger qu'on fixe la quantité d'abeilles à donner à l'essaim. Si la reine n'est pas montée, ce qui arrive quelquefois et ce qu'on reconnaît assez vite à l'allure inquiète des abeilles dans le panier d'en haut..... on recommence. Lorsqu'on a tapoté en vue d'un transvasement, on entrepose dans un coin le panier contenant la population chassée, qui reste parfaitement tranquille jusqu'au moment où on la versera dans sa nouvelle demeure.

Il s'agit maintenant de détacher les rayons. Si l'on n'a pas eu recours au tapotement, l'opération demande un peu plus de fumée et, comme nous l'avons dit, plus de précautions à cause de la reine. Si l'on a la bonne chance de l'apercevoir, on s'arrange pour ne pas la blesser, mais le plus souvent elle se cache. Il lui arrive de se réfugier dans quelque débris de rayon, aussi ne faut-il jamais en mettre aucun au rebut sans l'avoir examiné. Avec des soins il n'arrive pas d'accident ; nous n'avons jamais perdu une seule reine dans un transvasement et Dieu sait combien nous en avons fait tant pour nous que pour nos collègues.

On peut soit couper la ruche en deux (en veillant à ce que le couteau passe entre deux rayons), ce qui facilite beaucoup la sortie des rayons, soit détacher ceux-ci successivement, en commençant par les plus éloignés du centre, et cela au moyen des outils de différentes formes usités dans les anciens ruchers. Il faut envoyer de la fumée sur le chemin que l'instrument va suivre, afin de tuer le moins d'abeilles possible. A mesure qu'un rayon a été détaché, on en brosse les abeilles sur les autres rayons (ou dans le panier contenant la *chasse*) tant que l'opération n'est qu'en partie faite, et dans la nouvelle demeure lorsqu'on approche de la fin ; puis on pose ce rayon sur la table qui a été matelassée au moyen d'une ou deux vieilles couvertures.

L'important est d'arriver promptement aux rayons de couvain, dont il faut s'occuper avant tout. Quelques cadres de la nouvelle demeure ont été préalablement garnis de fil de fer recuit (n° 6 environ) de la façon suivante : le long de chaque côté du porte-rayon (ou traverse supérieure) on a planté, selon la largeur du cadre, 3, 4 ou 5 bons clous de tapissier, en les enfonçant seulement à moitié, puis on a attaché, d'un côté, à chaque clou, un bout de fil de fer assez long pour faire le tour du cadre de haut en bas et rejoindre le clou correspondant de l'autre côté. C'est dans ce cadre, préparé ainsi et posé à plat (fil de fer en dessous) sur une planchette, qu'on place les rayons découpés de mesure. Selon la forme de la ruche en paille et celle des cadres à garnir, il faudra environ 1 ½ ou deux rayons, l'un au-dessous de l'autre ou l'un à côté de l'autre, pour remplir le vide du cadre. On devra couper et affranchir ces rayons (sacrifier naturellement les moins bonnes parties, les grandes cellules et ménager le couvain), en se servant d'un autre cadre comme de mesure, de règle et d'équerre. Les morceaux sans couvain compléteront la surface à remplir; chacun devra être assez large pour être maintenu par deux fils. Il est bon de se pourvoir de quelques rayons surnuméraires pour remplacer ce qui tombe au découpage ou ne peut servir. Le couvain sera, autant que possible, placé à la même hauteur dans chaque cadre et concentré. Le cadre rempli, on relève les fils qui dépassent la traverse inférieure, on les ramène pardessus les rayons et on les entortille aux clous d'attente en haut du cadre. Cela fait, on relève le cadre au moyen de la planchette sur lequel il repose et on le suspend dans la nouvelle ruche (1) ; quand il y aura deux cadres de couvain terminés, on pourra verser les abeilles dessus, afin qu'elles les couvent. Les autres rayons sont fixés de même et viendront flanquer ceux à couvain de chaque côté. Les partitions, qui auront dû être engagées à l'avance à leur place approximative et rapprochées par le haut pour conserver la chaleur, seront mises à leur distance exacte et la ruche sera recouverte.

Elle sera tenue dans l'obscurité et ne sera reportée à sa place que le soir. Quelles que soient ses provisions, il sera bon de lui donner un demi-litre de sirop épais pour l'aider à réparer ses bâtisses. Pendant un ou deux jours, son entrée sera restreinte au passage de une ou deux abeilles, car il s'en échappera une forte odeur de miel qui ne manquera pas d'attirer les pillardes, et la colonie, occupée à ses travaux de réparation et de nettoyage, sera mal placée pour se défendre.

Au bout de quelque temps, on peut enlever les fils de fer qui soutiennent les rayons, mais il n'y a aucun motif de se presser.

Loin de nuire à une colonie, un transvasement fait en bonne saison semble la rajeunir et lui donner une nouvelle ardeur au travail. Le branle-bas produit par l'opération la place dans une situation analogue à celle d'un essaim qui se trouve avoir à organiser sa nouvelle demeure et s'y voue avec une activité spéciale.

(1) Lorsqu'on opère en saison froide, il est bon de réchauffer préalablement la ruche au moyen d'une brique chaude.

Les transvasements sont beaucoup moins compliqués qu'on ne se le figure et il n'y a pas de manipulation dans laquelle on soit moins piqué. Ils demandent naturellement un petit apprentissage et le commençant fera bien de se faire aider la première fois, mais c'est une opération fort instructive qu'il ne regrettera pas d'avoir tentée.

Abeilles étrangères. — Tandis que nous traitons de l'achat des abeilles, nous voudrions donner encore un avis aux commençants : c'est de ne pas s'éprendre trop vite des races étrangères. Nous sommes fort éloigné de penser ou de vouloir dire du mal des Italiennes, des Carnioliennes, voire même des Chypriotes, qui toutes ont d'excellentes qualités, à côté de quelques points faibles, mais la race commune est excellente et convient mieux sous tous les rapports pour un apprentissage, toujours accompagné de plus ou moins d'insuccès. Puis, l'introduction d'abeilles étrangères a pour conséquence inévitable des essaims de race croisée, qui travaillent bien, mais qui sont fréquemment d'un caractère plus agressif que les abeilles de race pure, et alors le novice ne voit plus le métier aussi en beau.

AVRIL

Nécessité du développement des colonies en temps opportun. — Nourrissement stimulant. — Nourrisseurs. — Sirop. — Agrandissement des habitations. — Bâtisses, remplacement des rayons défectueux, précautions à prendre en rajoutant des cadres.— Déplacement des rayons de couvain.— Intercalation de rayons vides. — Cire gaufrée. — Pose des feuilles gaufrées. — Insertion des cadres garnis de cire gaufrée. — Rayons pour miel de surplus. — Espacement des cadres. — Egalisation des colonies. — Réunion des ruchées qui ne se sont pas développées. — Dimensions des entrées. — Magasins à miel, moment de les placer. — Loque, traitement.

Nécessité du développement des colonies en temps opportun. — Si ce sont des influences indépendantes de l'apiculteur qui font les bonnes et les mauvaises récoltes, il dépend bien de lui de pouvoir tirer tout le parti possible de la miellée que les circonstances mettront à sa disposition. Pour y parvenir, étant donné qu'il possède au printemps un certain chiffre de ruchées, il doit diriger ses efforts de façon à avoir au moment propice, non pas le plus grand nombre possible de colonies, mais des colonies contenant chacune le plus grand nombre possible d'abeilles aptes à s'approprier le nectar des fleurs, *ce qui est fort différent.*

En effet, il est acquis :

1° Que les colonies populeuses sont seules capables de donner un rendement, tandis que les faibles populations peuvent à peine récolter pour elles-mêmes.

2° Qu'une ruchée partagée en deux familles au moment de la principale miellée récoltera infiniment moins que si elle était restée réunie en une seule; qu'il y a par conséquent avantage à empêcher l'essaimage naturel (sauf dans le cas spécial d'élevage de reines) et à ne pratiquer l'essaimage artificiel que vers la fin de la principale miellée, ou au moyen de nucléus n'employant que peu d'abeilles. (1)

3° Que c'est pendant la plus grande partie de l'année qu'une famille d'abeilles vit uniquement sur des provisions amassées antérieurement ou fournies par son propriétaire, tandis que l'espace de temps pendant lequel elle récolte plus que pour sa consommation journalière est généralement fort court.

4° Que l'élevage du couvain coûtant beaucoup de miel, les abeilles nées en très grand nombre, ou trop tôt avant la récolte ou après, sont pour l'apiculteur une perte sans compensation.

5° Enfin que l'homme peut dans une grande mesure augmenter ou restreindre la production du couvain dans une famille d'abeilles.

L'apiculteur doit donc avant tout connaître l'époque de la principale miellée dans sa contrée et conduire ses ruchées en conséquence, afin d'être prêt juste au bon moment. Cette époque varie dans chaque pays selon le climat, le sol et les cultures. Elle peut se présenter plus ou moins tôt dans la saison, et sa durée peut être plus ou moins longue. Elle est le plus souvent précédée ou suivie de miellées moins importantes qui cependant, dans certains cas et dans certaines années, fournissent un appoint qui n'est pas à dédaigner. Ici telles fleurs constituent la principale miellée, tandis qu'ailleurs elles ne donnent qu'un produit insignifiant, soit parce qu'elles s'y trouvent en moins grande abondance, soit parce que les influences atmosphériques sont autres. (2) C'est à l'apiculteur à étudier son terrain.

Lorsque la principale miellée a lieu tard, tout en ayant été précédée de miellées secondaires, les ruchées qu'on a laissé se développer normalement et naturellement peuvent se trouver assez populeuses pour s'approprier le maximum de la récolte ; mais les contrées où cela se passe ainsi sont l'exception. Dans notre pays de Suisse et dans les contrées à climat analogue, les principales fleurs mellifères apparaissent généralement à une époque où les colonies laissées à elles-mêmes (au point de vue de l'élevage du couvain), ne sont pas encore assez fortes

(1) Nucléus, noyau; en apiculture on appelle nucléus un noyau de colonie, formé artificiellement au moyen d'un certain nombre d'ouvrières, d'un peu de couvain et d'une reine.

(2) Ce fait est frappant pour l'épine blanche, les arbres fruitiers, le robinier-acacia, le tilleul, le trèfle blanc, etc.

pour envoyer un nombre suffisant de butineuses à la récolte. L'intervention de l'homme devient alors nécessaire.

C'est au moyen de ce qu'on appelle le nourrissement stimulant et de l'agrandissement graduel de l'habitation des abeilles qu'on accélère et favorise le développement des colonies.

Nourrissement stimulant. — La reine pond en raison de la nourriture que les ouvrières lui tendent avec leur langue et des cellules qu'elles mettent à sa disposition; les ouvrières, de leur côté, sont guidées en cela par la température, par le degré de sécurité que leur inspirent leurs réserves de vivres et par l'importance des apports de miel nouveau. L'apiculteur peut donc, en facilitant aux ouvrières l'entretien d'une bonne température dans la ruche et en leur faisant des distributions de nourriture simulant une récolte, les déterminer à nourrir la reine plus abondamment. Mais la chaleur doit marcher de front avec le nourrissement et celui-ci ne doit pas provoquer la sortie des abeilles à des moments où la température extérieure leur serait fatale; aussi évite-t-on de donner de la nourriture liquide avant que l'air ne se soit un peu réchauffé. Les abeilles depuis longtemps en réclusion font de courtes sorties par 6° C., mais il faut quelques degrés de plus pour qu'elles puissent voler en dehors librement et ne pas être exposées à tomber engourdies en traversant des couches d'un air plus froid que celui qui environne la ruche. Le nourrissement stimulant doit donc être appliqué avec circonspection et jugement. Ainsi, une population faible doit être traitée par la chaleur et la nourriture solide avant d'être stimulée par la nourriture liquide, car l'espace qu'elle pourra réchauffer à la température de 37° sera nécessairement limité par la petitesse du groupe qu'elle forme. Ce n'est que lorsque la naissance successive de jeunes abeilles lui aura permis d'étendre son groupe et de réchauffer un plus grand nombre de cellules qu'on pourra la stimuler plus activement.

Nous n'engageons personne à appliquer le nourrissement stimulant à des abeilles logées en ruches non doublées, trop accessibles aux variations de la température extérieure. A l'époque où le nourrissement se fait, les retours de froid sont inévitables et il ne faut pas qu'une pauvre colonie qu'on a, pour ainsi dire, forcée d'élever beaucoup plus de couvain qu'elle ne l'aurait fait spontanément, se voie obligée, en resserrant son groupe, d'abandonner une partie de sa progéniture et d'arrêter la ponte de sa reine, conséquences sur lesquelles il est inutile d'insister.

On a observé qu'une colonie normale, bien conduite, peut atteindre son développement en six à sept semaines. C'est donc 45 à 50 jours avant l'époque habituelle de la principale miellée dans le pays qu'on commence à stimuler la ponte. Intervenir plus tôt serait, ainsi que nous l'avons déjà expliqué, plus nuisible qu'utile, vu la rigueur de la saison. A Nyon, nous commençons dans les premiers jours d'avril, si le temps le permet; nous nous y prenions un peu plus tôt autrefois, mais avons trouvé préférable de ne pas nous presser : la première inspection est très suffisante pour donner une légère impulsion à l'élevage sans provoquer des sorties intempestives et meurtrières. La ponte, qui n'est au début que de quelques œufs, augmente graduellement avec le nombre des couveuses et finit par s'élever au bout de quelques semaines à 2000, 2500, 3000 œufs en 24 heures, 4000 même si la reine est exceptionnellement bonne. Mais ce chiffre ne peut être atteint que s'il y a dans la ruche assez de nourrices pour prendre soin de tout ce petit monde et, malheureusement, c'est souvent la mortalité des ouvrières qui arrête le développement du couvain. Dans certaines saisons et dans les localités exposées aux vents froids du printemps, il se perd quelquefois beaucoup d'abeilles au dehors, et si l'apiculteur peut éviter les fausses manœuvres qui provoquent des sorties intempestives, et empêcher celles-ci dans une certaine mesure, en fournissant aux abeilles la farine, le sel et l'eau à portée, il ne peut toujours prévenir les pertes au dehors.

Ce qui oblige l'apiculteur à stimuler ses abeilles d'aussi bonne heure dans la saison, alors que les intempéries leur font encore courir des dangers, c'est qu'il doit avoir ses contingents de butineuses prêts pour la récolte. Or, une ouvrière, comme nous l'avons dit, ne devient butineuse que 35 jours environ, après que l'œuf dont elle est issue a été pondu (1), et une colonie doit avoir pour entrer en campagne, à l'arrivée de la principale miellée, une population d'au moins 50,000 ouvrières (butineuses et nourrices); une bonne ruchée arrive à 70 et 80,000. On voit des populations de 100,000 abeilles et plus, mais il est rare de pouvoir atteindre ces chiffres dès l'entrée en campagne.

Lorsqu'on a commencé le nourrissement stimulant, il faut aller jusqu'au bout, c'est-à-dire veiller à ce que les vivres ne fassent jamais défaut, car la consommation augmente en raison de l'élevage; c'est surtout aux approches de la grande miellée qu'il faut être très vigilant. Si l'on suppose que chaque abeille coûte, pour être formée, le contenu d'une cellule en miel, pollen et eau, soit près de quatre fois son poids, 40,000 abeilles à naître nécessiteraient environ 16 k. de nourriture, dont le miel représente une bonne partie. (2)

(1) On a vu des abeilles devenir butineuses avant 35 jours, mais cela ne se présente que dans les ruchées où les abeilles plus âgées font défaut.

(2) 10,000 abeilles pèsent environ 1 k.; 10,000 petites cellules à couvain contiennent environ 4 k. de miel.

On a employé divers moyens pour activer la ponte. Le plus élémentaire consiste à frapper de temps en temps contre la ruche pour déterminer les abeilles à se gorger de miel, à s'agiter (à faire de la chaleur) et à nourrir la reine. D'autres décachettent au couteau quelques alvéoles de miel, ce qui produit le même résultat. Dans ces deux cas, la colonie doit être pourvue de bonnes provisions.

Le moyen le plus usuel, le plus efficace, mais aussi le plus laborieux et celui qui demande le plus de circonspection, consiste à distribuer aux colonies de petites doses de sirop ou de miel dilué. On commence par 50 à 100 gr. de sirop tous les deux ou trois soirs; puis la température se réchauffant peu à peu et la famille se développant, on augmente les doses et les distributions. Il ne s'agit pas naturellement de s'astreindre à la ponctualité qu'exige le soin du bétail : le temps manque souvent et le rucher peut être situé à une certaine distance. L'important c'est que les abeilles reçoivent de temps en temps une nouvelle distribution, s'il n'y a pas d'apports du dehors, et soient toujours dans l'abondance. Il faut donc faire de fréquentes inspections ; ces visites, dès que la température s'est réchauffée, sont loin d'être nuisibles, et ce n'est que lorsque la grande récolte a commencé qu'il devient préférable de les éviter le plus possible.

Les petites miellées qui se présentent avant la grande sont d'un grand secours, en ce qu'elles stimulent la ponte bien mieux que les procédés artificiels, mais les apports qui en proviennent sont souvent insignifiants ou insuffisants pour l'entretien de la colonie, aussi l'apiculteur qui peut faire la dépense d'une balance sur laquelle il établit une ruche ne doit pas hésiter à recourir à ce mode d'observation, aussi intéressant qu'utile pour suivre la marche d'un rucher.

Aux approches de la grande récolte, lorsque le mauvais temps se prolonge pendant plusieurs jours, celui qui ne déploie pas une grande vigilance risque fort d'échouer au port, car la consommation journalière est devenue très considérable. Nous avons vu des ruches perdre 500 gr. de leur poids en 24 h. A ce moment, les magasins à miel sont souvent placés (voir plus loin) et il ne convient plus de donner du sirop qui risquerait d'être transporté dans ces magasins. Aussi recommandons-nous de garder en réserve pour cette époque critique quelques rayons contenant du miel de l'année précédente; à défaut de rayons, il faut nécessairement donner du miel extrait. On peut aussi quelquefois prélever des rayons de miel dans les ruches abondamment pourvues pour les donner à celles qui sont à court.

Quelques apiculteurs contestent l'utilité du nourrissement stimulant à petites doses répétées, ou ne peuvent pas y consacrer le temps nécessaire et se contentent de s'assurer que leurs abeilles soient constamment bien pourvues. S'il faut les secourir, ils donnent en une ou deux fois tout ce dont elles pourront avoir besoin jusqu'à la récolte; mais si ces grosses distributions se font en nourriture liquide, les populations doivent être déjà d'une certaine force et la température assez réchauffée pour permettre de donner subitement une certaine extension à l'habitation (voir *Agrandissement des habitations*).

Nourrisseurs. — Il a déjà été parlé du nourrisseur-partition servant à administrer le sucre sans eau. Pour donner la nourriture liquide, les procédés sont aussi nombreux que variés; il n'y a que l'embarras du choix. Les meilleurs sont ceux qui dispensent d'ouvrir les ruches et nécessitent le moins d'accessoires spéciaux.

Après avoir essayé à peu près de tout, voici ce que nous avons trouvé de plus pratique : Une auge de 6 mm. de profondeur est entaillée dans la partie de derrière du plateau de la ruche (à l'opposé de l'entrée); elle a, pour la ruche Dadant, 39 cm., soit la largeur de la ruche moins les rebords, sur 22 cm.; contenance un demi-litre environ. Un trou de 15 mm. de diamètre, pratiqué vers le bas dans la paroi de derrière et incliné en dedans, permet d'introduire le tube d'un entonnoir coudé dans lequel on verse la dose de sirop voulue. A l'extérieur, un clapet en fort zinc retombant de lui-même ferme l'accès du trou aux abeilles du dehors.

Pour donner la nourriture à forte dose, on en remplit des bouteilles (celles d'un litre, ayant contenu des eaux minérales, se trouvent partout), qu'on pose renversées et très légèrement inclinées sur le fond de l'auge en dehors d'une partition. Le liquide s'échappe graduellement à mesure que son niveau s'abaisse dans l'auge. Une cale quelconque empêche, au besoin, les bouteilles de tomber. On peut mettre plusieurs bouteilles à la fois; le matin on retire celles qui n'auraient pas été vidées.

M. Fusay a imaginé un nourrisseur un peu compliqué, mais répondant à toutes les exigences. Un réservoir rectangulaire aplati, de la contenance d'un ou deux litres, est relié par une charnière à une latte fixée à l'extérieur et à mi-hauteur, contre la paroi de derrière de la ruche. Le goulot du réservoir correspond à un godet récepteur logé dans l'épaisseur de la latte et mis lui-même en communication avec une augette située à l'intérieur, au moyen d'un tuyau traversant horizontalement la paroi de la ruche. L'augette est logée dans une entaille pratiquée dans cette paroi. Pour verser le sirop, on abat le réservoir, qui présente son goulot, ensuite on le relève. Le liquide va remplir l'augette et continue à sortir du réservoir à mesure que les abeilles font baisser son niveau dans l'augette.

Pour les ruches à l'allemande s'ouvrant par le côté, le meilleur nourrisseur consiste en un petit plateau de fer-blanc d'environ 220 mm. sur 70, avec rebords de 7 à 8 mm., qu'on introduit par l'ouverture pratiquée au bas de la fenêtre-partition. On en laisse dehors le tiers ou le quart pour pouvoir y verser le liquide, soit directement soit en ajustant dessus une bouteille renversée. Ce petit plateau est muni d'une grille de fer-blanc perforé, de même hauteur et largeur dans œuvre et maintenue par un agencement qui permet de la faire glisser le long du dit plateau à la place correspondant au passage sous la partition.

Les avis sont partagés relativement à l'endroit de la ruche où il convient de présenter le sirop aux abeilles. Sans doute il est préférable de choisir une partie éloignée de l'entrée, mais nous ne voyons aucune importance à ce que cela soit plutôt en haut qu'en bas. Les partisans du nourrisseur placé en haut font valoir que les abeilles y ont accès en tout temps, tandis qu'en bas il peut faire trop froid; on répond à cela que le va-et-vient causé par la situation du sirop en bas contribue à exciter les abeilles et à produire de la chaleur. Notre avis est que s'il fait trop froid pour les abeilles en bas, il ne faut pas leur donner de la nourriture liquide, qui provoque les sorties. Pour la nourriture solide, c'est autre chose, elle doit toujours être placée au-dessus du groupe tant que les abeilles ne sortent pas librement, et l'on ne doit recourir au nourrisseur-partition que par une bonne température, sinon elles ne peuvent en profiter.

Le sirop employé comme stimulant doit être clair: 1 ½ litre d'eau environ pour 2 k. de sucre avec une pincée de sel. On peut aussi donner du miel étendu d'eau.

Administré à fortes doses pour servir de provisions, il doit contenir moins d'eau, être fait de bon sucre de canne blanc et avoir subi une cuisson : 10 k. de sucre dans 6 litres d'eau avec une poignée de sel, plus, pour empêcher la cristallisation, 2 cuillerées à soupe de crême de tartre ou 4 de vinaigre; faire bouillir quelques minutes. L'addition de miel contribue aussi à empêcher la cristallisation. Ne jamais employer du miel étranger ou suspect sans l'avoir fait bouillir avec de l'eau.

Lorsqu'on nourrit en vue de faire construire des rayons, on peut employer des sucres roux de bonne qualité (non raffinés), qui, à ce qu'on a observé, fournissent en proportion plus d'éléments aux abeilles pour la production de la cire; mais ces sucres ne conviendraient pas pour l'hivernage.

Agrandissement des habitations. — Nous avons vu que le développement graduel des ruchées devait être favorisé par tous les moyens possibles ; or, pour qu'une famille augmente en population, il faut non seulement qu'elle puisse entretenir une chaleur suffisante et soit pourvue d'assez de vivres pour nourrir tout le couvain qu'elle peut élever, mais aussi qu'elle ait la place nécessaire à ce couvain, aux provisions et aux ouvrières elles-mêmes. Les abeilles ne bâtissent des rayons que lorsque leurs apports de miel dépassent sensiblement leurs besoins journaliers. (1) Il faut donc, aussi longtemps que la miellée ne donne pas abondamment, fournir l'augmentation d'espace sous forme de rayons bâtis, ajoutés un à un au fur et à mesure des besoins. L'aspect de la ruche guide pour cela : lorsque les abeilles occupent en masse tous les rayons, on doit en introduire un nouveau en écartant une des partitions, dont il prend la place. On fait ces additions de rayons graduellement, afin de ne pas risquer de donner aux abeilles plus d'espace qu'elles n'en peuvent réchauffer.

C'est par l'agrandissement au moyen de rayons tout bâtis, en aérant les ruches par le bas et en les abritant du soleil quand il fait chaud, qu'on réussit dans une grande mesure à prévenir l'essaimage naturel, si nuisible au rendement de l'apiculture au moins dans nos contrées à courtes récoltes. Cette addition de rayons ne suffit pas, il est vrai, lorsque la miellée devient abondante : les abeilles éprouvent alors un besoin naturel de produire la cire, besoin qu'il faut avoir soin de satisfaire et d'utiliser en leur donnant, en outre des rayons, soit des cadres garnis de cire gaufrée (voir *Cire gaufrée*), soit des sections (voir ***Miel en sections***).

Pour donner une idée du développement qu'une famille peut prendre en sept à huit semaines, nous mentionnerons ce fait qu'une colonie, occupant à la fin de mars 5 rayons de 12 déc. carrés, en couvrira entièrement 11 aux approches de la grande miellée, si elle a été bien conduite, et que vers le 25 mai sa population occupera 5 ou 6 cadres de plus (ou 10 à 11 demi-cadres) et peut-être davantage. L'espace oc-

(1) On peut en tout temps, si la température le comporte, déterminer les abeilles à bâtir, en les nourrissant abondamment et en réduisant le nombre des rayons dans la ruche, mais ce serait un mauvais calcul que de forcer des colonies à bâtir trop tôt au printemps, alors que les jeunes abeilles sont peu nombreuses et que toutes les forces de la famille doivent être concentrées sur l'élevage du couvain, qui prime tout. De même que de très jeunes abeilles peuvent devenir butineuses avant leur âge normal pour cette fonction lorsque les vieilles font défaut dans la colonie, les vieilles de leur côté peuvent encore à la rigueur bâtir et nourrir le couvain lorsqu'elles manquent de plus jeunes compagnes ; mais l'apiculteur se trouve toujours mal de ne pas tenir compte de cette loi naturelle de la division du travail : la besogne est mal faite.

cupé par les abeilles aura augmenté de 23 à 75 litres dans cadres. (1)

Bâtisses. — Remplacement des rayons défectueux, précautions à prendre en rajoutant des cadres. — L'apiculteur doit chercher à obtenir des rayons aussi réguliers que possible et opérer petit à petit le remplacement de ceux qui sont défectueux. Il est difficile d'assigner une époque pour ce remplacement, qui ne peut se faire qu'à la longue. Dans un rucher de plusieurs années d'existence, les colonies sont hivernées sur de bons rayons, et au printemps il n'y a guère que les rayons trop moisis à exclure, si par hasard il s'en trouve; mais dans les ruchers nouvellement créés il peut y avoir des rayons provenant de transvasements et, partant, plus ou moins irréguliers ou hors de service; d'autres endommagés par la fausse-teigne et percés de trous; d'autres enfin contenant une forte proportion de grandes cellules (à mâles), etc. De plus, il faut savoir, chaque année, *réformer* et fondre les vieux gâteaux trop lourds, trop déformés par les cellules de reines, et surtout ceux contenant du vieux pollen (provenant des ruchées restées un certain temps orphelines) qui occupent une place inutile ou trompent par leur poids dans l'appréciation des provisions. (2) On verra plus loin que par l'emploi de la cire gaufrée on peut arriver promptement à se faire une belle provision de rayons (voir *Déplacement des rayons*).

Il est important de ne laisser que peu de cellules à mâles à la disposition de la reine : 2 à 300 suffisent (un demi-décimètre carré de rayon contient, en comprenant les deux faces, 265 cellules à mâles, ou 425 cellules à ouvrières) et il faut même, autant que possible, que le rayon qui les contient soit l'un des plus éloignés du centre du nid à couvain. Supprimer entièrement les cellules à mâles serait une erreur, comme nous l'avons déjà expliqué. Si donc la ruche ne possède pas de ces grandes cellules au printemps, il faudra dans le cours d'avril ou bien lui en fournir ou lui permettre d'en construire quelques-unes (voir *Cire gaufrée*).

Le déplacement et l'addition de rayons dans une ruche, qui présentent de si grands avantages, doivent être faits méthodiquement et prudem-

(1) Le cubage d'une ruche s'obtient en multipliant les dimensions intérieures du cadre l'une par l'autre, puis par la distance, de centre à centre, d'un rayon à l'autre; le produit multiplié par le nombre des cadres contenus dans la ruche donne le cubage de celle-ci. Exemple : ruche Dadant 47 cm. × 27 × 3.8 × 11 = 52 litres. Le cubage calculé entre les parois de la ruche nous paraît moins rationnel; en tous cas, quel que soit le mode employé, on doit l'indiquer pour éviter les malentendus.

(2) Des rayons de 12 dcm. carrés, placés à la distance habituelle de 3.6 à 3.8 cm., contiennent, pleins, environ 4 k. de miel, soit 1 k. par 3 dcm. carrés.

ment, surtout au printemps lorsqu'il fait froid et que les populations sont encore faibles. Le couvain doit toujours être couvé, c'est-à-dire couvert d'abeilles; les rayons qui le portent doivent donc rester groupés ensemble au centre et il ne faut rien intercaler entre eux tant que la température n'est pas élevée et que la colonie n'est pas très populeuse. Les rayons sont ajoutés graduellement, un par un, à l'une des extrémités du nid. Dans les ruches à rayons d'environ 12 dcm. c., par exemple, l'hivernage se fait sur 4, 5 ou 6 rayons, selon que la population est, à l'automne, médiocre, moyenne ou forte; quelquefois, sur 3 ou 7, lorsqu'il s'agit de ruchées très faibles ou très fortes. A la visite du printemps, il peut se trouver qu'une colonie, qui couvrait 5 rayons à l'automne, n'en occupe plus que 4; le rayon non occupé est alors enlevé et la partition rapprochée d'autant. Vers le commencement d'avril, si la reine est bonne et que la ponte ait bien marché, la population se sera déjà un peu refaite; on pourra alors rendre le 5me rayon. Un peu plus tard, un 6me rayon pourra être donné, toujours à l'une des extrémités du nid, etc.

Le déplacement des rayons de couvain, pour les échanger les uns avec les autres, opération permettant d'exclure graduellement du nid les rayons défectueux en les rapprochant petit à petit des extrémités jusqu'à ce qu'ils ne contiennent plus de couvain, ne doit être pratiqué que lorsque la population est déjà forte et la température réchauffée. De bons apiculteurs ont recours à ces déplacements pour activer la ponte; ils intercalent au centre l'un des rayons de couvain des extrémités et en désorperculent les cellules à miel. Il faut être déjà au courant du métier pour savoir faire cette opération.

L'intercalation de rayons vides dans le nid à couvain demande aussi une certaine dose d'expérience que ne possèdent pas les débutants; quant à celle de cadres garnis de cire gaufrée, ils doivent encore moins y songer. Scinder le nid à couvain en deux est une manœuvre fort dangereuse. Tout au plus peut-on, lorsque la population est forte, intercaler au centre un *rayon* préalablement réchauffé à l'une des extrémités.

Cire gaufrée. — Dans notre pays, c'est généralement dans la seconde moitié d'avril, si les fleurs donnent du miel, sinon en mai, que les abeilles commencent à montrer quelque disposition à produire de la cire, c'est à dire à bâtir, ce qui se reconnaît à ce qu'elles retouchent et rallongent avec de la cire plus claire les extrémités des cellules à miel au haut des rayons. Si les apports de miel ont quelque importance, le moment est venu de leur donner des feuilles de cire gaufrée qui les dirigeront dans leurs constructions, leur fourniront une partie des matériaux et leur épargneront de la besogne. Il y aura ainsi économie de miel, de temps, de travail, et les rayons obtenus seront à petites cellules, selon le modèle fourni, réguliers et exactement dans le plan du cadre.

Chacune des deux faces d'un rayon est composée de cellules occupant la moitié de l'épaisseur du rayon et séparées de celles de l'autre face par une cloison centrale, régnant au centre du rayon sur toute son étendue et formant le fond des cellules. C'est cette cloison mitoyenne qu'un apiculteur allemand, du nom de Mehrens, a eu l'idée d'imiter. On l'obtient en faisant passer des feuilles de cire pure entre deux cylindres gravés, ou en versant la cire chaude entre deux plaques montées comme des fers à gaufres. La gravure imprime dans la cire les fonds à facettes, ainsi que les rudiments des cellules (d'ouvrières) et, sur les reliefs que ces derniers présentent, les abeilles achèvent de faire leurs constructions.

Cette invention, qui rend d'immenses services à l'apiculture, n'a guère été appliquée pendant longtemps que par notre compatriote, Peter Jacob, fondateur du premier journal d'apiculture suisse (langue allemande), puis par quelques apiculteurs allemands, mais plus tard elle a été beaucoup perfectionnée aux Etats-Unis, d'où nous viennent actuellement la plupart des machines à cylindres.

La fabrication de la cire gaufrée, demandant un outillage assez coûteux et passablement de manipulations, fait l'objet d'une industrie spéciale. En adressant sa commande au fabricant, il faut avoir soin de lui indiquer les dimensions intérieures des cadres à garnir. C'est avec les cylindres qu'on obtient les meilleures feuilles, mais il se fabrique, à l'usage des apiculteurs qui aiment à faire tout eux-mêmes, des fers à gaufrer au moyen desquels on façonne des feuilles qui sont acceptées et achevées par les abeilles.

Les feuilles sont de deux sortes. Les plus épaisses sont pour les rayons du nid à couvain et ceux du magasin à miel destinés à être vidés au moyen de l'extracteur (voir *Extraction du miel*). Ces rayons doivent avoir une grande solidité et les feuilles pèsent, selon la fabrication, de 1000 à 1300 gr. par 100 dcm. carrés (par mètre); nous les demandons de 1200 gr. environ pour nos grands cadres.

Pour la production du miel à livrer en rayons (boîtes ou sections, voir *Miel en sections*), on est parvenu à obtenir, avec de petites machines spéciales, une minceur telle que la cloison mitoyenne des rayons achevés par les abeilles ne dépasse guère en épaisseur celle des rayons naturels. Ces feuilles pèsent de 410 à 430 gr. par 100 dcm. carrés.

Pose des feuilles gaufrées. — Il existe un grand nombre de procédés pour fixer la cire gaufrée dans les cadres, mais pour éviter au commençant l'embarras du choix, nous ne décrirons en détail que celui auquel nous donnons actuellement la préférence.

Un rayon étant destiné à servir dix, quinze ans et plus, et devant pouvoir être à volonté manié, transporté ou passé à l'extracteur, on ne saurait prendre trop de soin pour qu'il soit solidement fixé dans son cadre et ne risque pas de se rompre quelle que soit la position dans laquelle on le tient ou le place. D'autre part, la cire gaufrée est sujette à se dilater sous l'influence de la chaleur de la ruche, à s'étirer et à s'allonger sous le poids des abeilles ou du miel lorsque les cadres ont une certaine hauteur. (1) On a donc jugé avantageux de soutenir les feuilles gaufrées au moyen de fils de fer tendus verticalement dans l'intérieur des cadres et noyés dans la cire. (2)

On perce dans les deux traverses du cadre, bien au centre de leur largeur, des trous espacés de 10 à 14 cm., dans lesquels on fait passer, en le faisant tendre, du fil de fer étamé (P. P.), n° 80 de la filière anglaise. (3) Les trous des extrémités ne doivent pas être à plus de 2 cm. des montants. Les deux bouts du fil sont entortillés autour de pointes plantées dans la traverse et enfoncées ensuite au-dessous du niveau du bois. D'un trou à l'autre on trace au troussequin un sillon dans lequel le fil se trouve noyé (autrement on le couperait en raclant la traverse, ce qu'on est fréquemment appelé à faire).

Pour la pose des feuilles, on a une planchette de la dimension intérieure du cadre, mais entrant librement. Elle a une épaisseur égale à la moitié de celle du cadre diminuée de 1 ½ mm. (soit, par exemple, 11 mm. pour le cadre Layens qui a 25 mm. et 9 ½ pour le cadre Dadant qui en a 22). Deux lattes, clouées en haut et en bas sur l'une de ses faces et débordant aux extrémités, la maintiennent en place dans le cadre.

La feuille gaufrée est placée sur la planchette et l'on fait emboîter le cadre par-dessus. La feuille doit avoir en largeur 2 ou 3 mm. de moins que le vide du cadre et il doit rester en bas un espace de 3 à

(1) Toutes les cires ne sont pas également bonnes, elles varient selon leur provenance; quelquefois leur défaut de cohésion est dû aussi à une mauvaise méthode d'épuration.

(2) C'est en 1880, sauf erreur, que l'idée en fut suggérée dans le journal *Gleanings*; dès l'année suivante, nous possédions quelques centaines de cadres tendus de fils.

(3) On le trouve chez J. Castella, fabricant de cire gaufrée, à Sommentier (Fribourg). Les fabricants de ruches se chargent au besoin de la pose.

10 mm. environ (selon la hauteur du cadre et la qualité de la cire), en prévision de l'étirement de la cire.

Pour noyer les fils dans la cire, on a successivement employé divers procédés. En Suisse, nous avions fini par adopter un outil analogue à un tournevis dont le tranchant légèrement en biais serait remplacé par une cannelure longitudinale correspondant au calibre du fil de fer et que l'on chauffe avant de le promener doucement de haut en bas le long du fil. Puis, M. Woiblet nous a dotés l'an passé de son éperon qui remplit encore mieux le but. (1) C'est une roulette en laiton de 20 à 21 mm. de diamètre, montée comme un éperon et dans laquelle ont été entaillées 26 dents triangulaires; les dents sont encochées dans leur épaisseur de façon à emboîter le fil lorsqu'on fait courir la roulette le long de celui-ci. On chauffe l'outil à la flamme d'une petite lampe à alcool; la chaleur du métal fait légèrement fondre la cire qui recouvre le fil derrière le passage de la roulette. (2)

La feuille adhère suffisamment aux fils pour être maintenue en place et les abeilles se chargent de l'attacher au cadre en haut et sur les côtés.

Il n'est pas nécessaire de tendre de fils les cadres de petite dimension en hauteur. Pour la pose des feuilles on se sert de la même planchette et l'on verse de la cire bien chaude le long de la ligne de contact de la feuille et de la face intérieure du porte-rayon (traverse supérieure). La feuille reste libre des trois autres côtés. On peut aussi fixer la feuille sous le porte-rayon en la pliant à angle droit sur une largeur de quelques millimètres et en pressant la partie pliée contre le bois avec une lame de canif; la partie à coller peut être divisée en plusieurs sections qu'on plie et presse alternativement d'un côté et de l'autre. Si l'on opère par une température basse, il faut chauffer légèrement la cire. La cire peut être pressée au moyen d'une roulette (voir Mai, *Miel en sections*). Un autre procédé consiste à partager le porte-rayon dans sa longueur par un trait de scie et à engager la feuille dans la fente.

Il se fabrique aux Etats-Unis des feuilles gaufrées dans lesquelles le fond des cellules est plat au lieu d'être à trois facettes et qui sont déjà

(1) Coût fr. 2.25.

(2) Les feuilles fabriquées avec la machine Root conviennent mieux pour les cadres tendus de fils que celles obtenues avec la machine Dunham telles qu'elles sont livrées d'habitude. L'épaisseur de la cloison mitoyenne, considérée comme une infériorité, est au contraire un avantage dans ce cas, selon nous du moins. On peut du reste demander aux fabricants de feuilles Dunham de les faire plus épaisses, en leur indiquant le motif.

garnies de fils. Ces feuilles sont acceptées et achevées par les abeilles et il s'en fait un grand usage en Amérique et en Angleterre. Cependant les rayons ne sont pas aussi solidement fixés que lorsque les fils sont reliés aux cadres en haut et en bas et ils ne supportent pas d'être tenus autrement que dans la position verticale.

L'insertion d'un cadre garni de cire gaufrée dans le corps de ruche ou chambre à couvain doit se faire à l'une des extrémités entre l'avant-dernier rayon et le dernier; si celui-ci contient du couvain, ce qui ne se présente guère du reste à l'époque où l'on fait bâtir, la feuille est placée la dernière. Il ne convient pas de la mettre au centre et cela pour deux raisons : elle séparerait le nid en deux, puis, la chaleur y étant plus forte et les abeilles plus nombreuses, elle pourrait s'affaisser, se déformer. Lorsqu'une feuille est achevée, on peut en donner une autre; on fait bâtir plus ou moins selon les besoins du rucher, mais on doit toujours fournir aux abeilles l'occasion de produire un peu de cire au commencement de la miellée.

Pour obtenir des cellules à mâles, on laisse dans un cadre, vers l'une des extrémités, un espace d'un demi-décimètre carré sans le garnir de cire gaufrée.

Il ne convient pas de laisser des feuilles à bâtir dans une ruche lorsque la miellée ne donne pas; elles occupent inutilement de la place et finissent par être rongées et salies par les abeilles. Il arrive assez fréquemment qu'une feuille est achevée du côté intérieur, tandis que la face extérieure reste intacte; on la retourne alors, mais seulement si sa face intérieure ne contient ni œufs ni larves.

Nous avons vu, pendant la grande miellée, des feuilles de 12 dcm. transformées en véritables rayons dans l'espace de 24 heures, mais d'habitude les choses ne vont pas aussi vite que cela. Il faut un temps favorable, une bonne population et des feuilles de bonne fabrication.

Au commencement de la saison, et plus tard lorsqu'il s'agit de prévenir l'essaimage, une feuille gaufrée ne tient pas lieu d'un rayon tout bâti; or le débutant n'a pas encore de ces derniers en provision et s'il peut s'en procurer de bien sains, c'est à dire provenant d'un rucher où la loque n'a pas régné, il fera bien d'en découper et fixer quelques-uns dans des cadres, de la manière décrite au paragraphe *Transvasements;* cela lui permettra d'attendre que ses abeilles lui aient bâti sur cire gaufrée.

Rayons pour miel de surplus. — L'insertion des rayons destinés au magasin à miel ne demande pas autant de précautions que celle des rayons à couvain. A l'époque où l'on garnit ces magasins, les familles sont fortes en population et la température s'est réchauffée. On peut donc présenter à la fois un certain nombre de cadres à bâtir, soit dans une hausse placée au-dessus du corps de ruche, soit à côté du nid à couvain, si l'on fait usage de ruches dites horizontales (voir *Magasins à miel*). On se contente quelquefois, pour les magasins, de faire bâtir dans des cadres simplement amorcés, c'est à dire dans lesquels on a collé sous le porte-rayon une étroite bande de cire gaufrée ou de petits morceaux de rayons naturels. Nous déconseillons complétement ce procédé pour les rayons destinés à l'extraction, parce que les abeilles remplissent ces cadres de grandes cellules dans lesquelles la reine vient souvent pondre fort mal à propos des œufs de mâles. Du reste, pour le miel en sections, il présente le même inconvénient.

Lorsqu'on garnit une hausse de cire gaufrée, il est bon que l'un des cadres au moins, de préférence celui du centre, contienne un rayon déjà achevé, qui attire les abeilles et les détermine plus vite à occuper la hausse.

Espacement des cadres. — Nous avons dit que les cadres se plaçaient dans la chambre à couvain de 32 à 38 mm., de centre à centre, selon la méthode employée ou selon la saison. A 32 les abeilles peuvent encore élever du couvain d'ouvrières, au-delà de 38 elles sont sujettes à intercaler un petit rayon dans la ruelle. L'espacement à 38 mm. ne présentant pas d'autre inconvénient que de permettre l'élevage des mâles, qu'on peut du reste prévenir au moyen de la cire gaufrée, et offrant l'avantage d'un meilleur groupement des abeilles en hiver, ainsi que d'un maniement plus facile des cadres dans la ruche, beaucoup d'apiculteurs ont choisi cette mesure. (1) Dans la Suisse romande, nous avons adopté la méthode consistant à régler la position des cadres du corps de ruche au moyen d'équerres fixées dans le bas des parois et d'agrafes de tapissier plantées dans les feuillures sur lesquelles reposent les porte-rayons. Nos collègues de langue allemande placent leurs cadres à 35 mm. et les espacent au moyen de pointes plantées dans les montants. En Italie, les pointes sont remplacées par de petites bandes de fer-blanc. Ailleurs, on se contente de régler l'écartement en haut en donnant plus de largeur aux extrémités des porte-rayons. D'autres, enfin, les Américains par exemple, et beaucoup d'Anglais, le règlent à l'œil ou au toucher. En Angleterre, on a imaginé une grande variété de

(1) M. Dadant fait valoir une autre raison à l'appui : chaque nymphe laisse dans sa cellule un cocon qui en diminue la profondeur ; les abeilles sont donc obligées d'allonger la cellule peu à peu et la largeur donnée à la ruelle permet d'utiliser plus longtemps les rayons.

bouts métalliques engagés dans les porte-rayons et maintenant les distances. M. Cowan, une grande autorité, place ses cadres à 32 mm. dans la bonne saison et les écarte à 40 et même plus pour l'hivernage. Sans contester l'excellence du procédé en théorie, nous ne sommes pas encore prêt à renoncer à nos agrafes et équerres, qui offrent une grande commodité et présentent en outre un avantage réel dans le transport des ruches. Nous les recommandons surtout aux commençants ; ils seront toujours à temps de les enlever.

Dans les magasins à miel l'espacement peut être un peu plus grand ; M. Dadant a adopté 42 mm. pour les rayons à extraire ; nous avons conservé 38 comme dans le corps de ruche.

Egalisation des colonies. — Quelquefois des familles sont en retard sur leurs voisines pour d'autres causes que le peu de fécondité de la reine : grande mortalité en hiver ou au printemps, orphelinage momentané, etc., tandis que d'autres ont pris un très prompt développement. On peut renforcer une faible en lui donnant un rayon de couvain operculé (sans les abeilles) prélevé dans une forte, à la condition que ce rayon puisse être bien couvert d'abeilles dans sa nouvelle famille. Nous indiquons ce procédé comme une ressource, mais il en faut user avec discernement et modérément, car aux approches de la récolte les colonies ne sont jamais trop fortes, tandis qu'un subside donné à une faible ne suffit pas toujours à la faire assez populeuse à temps. C'est après la récolte, lorsque le pillage est à craindre, que l'égalisation des colonies est surtout recommandée.

Réunion des ruchées qui ne se sont pas développées. — Si, dans le cours des trois ou quatre semaines qui précèdent l'époque habituelle de la grande récolte, on constate que la faiblesse d'une colonie tient au défaut de fécondité de la reine, il ne faut pas hésiter à sacrifier cette reine et à réunir ses abeilles et son couvain à une autre ruchée. Une colonie faible aux approches de la récolte est une non-valeur : elle consomme, demande des soins et ne peut rien produire par elle-même, tandis que sa population fournira à une voisine un bon appoint de butineuses qui rendront des services.

Les dimensions des entrées, ou trous-de-vol, ont une grande importance dans la conduite d'un rucher. L'ouverture doit pouvoir être réduite à 8 ou 9 mm. en hauteur (à 10 mm., souris et sphinx tête-de-mort passent) et pendant la récolte il faut l'agrandir considérablement. Dans nos ruches, l'entaille a environ 9 mm. sur 24 cm. de longueur. Une bande de zinc fixée au-dessus par des pitons protège le bois contre les dents des souris et sert à maintenir deux autres bandes glissant horizontalement sur le plateau contre la paroi et pouvant être écartées ou rapprochées à volonté. Pour la récolte, nous soulevons nos ruches par devant au moyen de cales d'un centimètre environ, afin que les abeilles puissent circuler sous toute la largeur de la paroi. Dans les ruches à plateau fixe (ruches allemandes), il est nécessaire de faire l'entaille plus haute ; la bande de zinc à demeure doit alors être mobile, ce qu'on obtient en allongeant verticalement les ouvertures par lesquelles passent les pitons de soutien.

En hiver, nos entrées ont environ 9 mm. sur 7 à 8 cm. Au printemps, nous les réduisons en longueur à 5 cm. environ, puis les agrandissons successivement jusqu'à 24. Nous mettons les cales en temps de grande récolte seulement. Les ruches en nourrissement ont le passage réduit à 2 ou 3 cm.; celles qui sont faibles également. Quant aux orphelines sans couvain, nous ne leur laissons que 1 à 2 cm. En cas de pillage ou de menace de pillage, il faut immédiatement rétrécir toutes les entrées du rucher.

Magasins à miel. — Les bonnes ruches à cadres peuvent être ramenées à trois types principaux :

1° La ruche allemande, s'ouvant par l'un des côtés et appropriée aux pavillons (type Burki-Jeker ou Blatt-Kramer), contient plusieurs rangées de cadres superposées. Ce sont les rangées supérieures qui constituent spécialement le magasin à miel, tandis que la rangée inférieure, généralement composée de cadres plus grands (en hauteur), est surtout destinée à l'élevage du couvain et aux provisions nécessaires à la colonie.

2° La ruche verticale s'ouvrant par-dessus (type Dadant) est composée d'un corps de ruche, formant la demeure proprement dite des abeilles ou chambre à couvain, et d'une ou plusieurs hausses généralement de hauteur moindre qu'on ajoute successivement par-dessus au moment de la récolte. Ces hausses forment le magasin à miel, mais les grandes dimensions du corps de ruche permettent souvent l'emmagasinement d'un peu de miel de surplus dans un ou deux rayons des extrémités.

Lorsque le cadre adopté pour le couvain est trop petit pour qu'un seul corps de ruche suffise au développement complet de la colonie (type anglais), un second corps de ruche est ajouté à l'autre avant la miellée pour compléter la chambre à couvain, et les hausses pour miel de surplus sont également pareilles au corps de ruche. L'inconvénient que présente (à nos yeux du moins) la petitesse du cadre à couvain est compensé dans une certaine mesure par l'avantage d'avoir un seul modèle de caisses et de cadres. Mais ce système ne convient que si le cadre est bas et allongé horizontalement, comme le type anglais, sans l'être d'une façon exagérée comme dans certains modèles.

3° La ruche horizontale s'ouvrant par-dessus (type Layens) est composée d'une seule caisse servant à la fois de chambre à couvain et de magasin à miel. Dans cette dernière, il n'y a qu'une seule rangée de cadres tous pareils et plus hauts que larges. Les abeilles emmagasinent le miel de surplus dans les rayons que l'apiculteur ajoute au fur et à mesure des besoins de chaque côté des rayons à couvain situés au milieu. (1)

Dans les deux premiers types, le magasin à miel est donc plus ou moins distinct de la chambre à couvain, bien qu'il n'en soit séparé par aucune cloison, et il se trouve au-dessus d'elle ; tandis que dans le troisième, il n'est qu'une sorte de prolongement de la chambre à couvain dans le sens horizontal. Ce magasin, divisé en deux parties, se trouve alors non pas au-dessus, mais de chaque côté du couvain.

Nous avons dit qu'il fallait aux abeilles qui élèvent du couvain de la sécurité quant aux provisions ; il leur en faut aussi quant à la place nécessaire au développement de la population et à l'emmagasinement du miel, si l'on veut éviter la fièvre d'essaimage. C'est par l'aspect de la ruchée et les signes d'une miellée prochaine que l'apiculteur doit être guidé dans le choix du moment propice pour l'agrandissement de l'espace. Dans la ruche horizontale, les cadres peuvent être ajoutés, un par un ou deux par deux, entre les rayons existants et les partitions, qu'on recule à la distance nécessaire. Dans la ruche allemande, on met tout ou partie d'une nouvelle rangée de cadres, en déplaçant les planchettes correspondantes qui sont reportées au-dessus, et l'on ferme ce nouvel étage avec une fenêtre-partition. Enfin, s'il s'agit de la ruche verticale, lorsque tous les rayons du bas sont occupés par les abeilles, on adapte une hausse garnie, que la toile (la natte ou les planchettes) recouvrira. Dans toute espèce de ruche, l'agrandissement ne doit se faire que par une bonne température.

Lorsqu'on est appelé à ajouter une seconde hausse, ou une seconde rangée de cadres ou de nouveaux rayons, il faut éloigner de la chambre à couvain les rayons contenant du miel et intercaler les vides entre eux et le couvain. Par conséquent : la hausse contenant du miel (type Dadant) sera enlevée et replacée sur la vide ; la seconde rangée de cadres (type allemand) sera placée un étage plus haut, pour céder sa

(1) On peut cependant placer aussi sur les cadres des petites boîtes ou sections pour miel à livrer en rayons.

place à une rangée vide, et dans la ruche horizontale (type Layens) les rayons pleins de miel seront reculés avec les partitions pour faire place aux nouveaux cadres garnis de rayons ou de cire gaufrée.

Cependant, lorsque la miellée tire à sa fin, si la population nécessite un nouvel agrandissement, il est préférable de ne pas éloigner le miel du couvain et d'ajouter rayons ou hausses aux extrémités ou en haut.

L'attirail d'hiver doit à un moment donné céder la place aux rayons ou hausses ajoutés, mais il est bon que le dessus des ruches soit toujours chaudement couvert, car même en été des nuits froides peuvent chasser les abeilles des hausses, et nous recommandons aux fabricants de donner un peu plus de hauteur aux chapiteaux de certaines ruches, afin que les coussins puissent être conservés sur les hausses.

Loque, traitement. — Nous avons déjà dit quelques mots dans notre Introduction de cette terrible maladie, le fléau des ruchers. Les auteurs anciens nous apprennent qu'elle a existé de tout temps. (1) Elle est excessivement contagieuse et se propage surtout par le contact (par le pillage des ruches atteintes, entre autres); quant aux cas spontanés ou supposés tels, on pense qu'ils sont dus à un état de souffrance du couvain résultant de son affautissement, de son refroidissement ou d'une mauvaise nourriture. Mais la souffrance et la mort du couvain ne sont pas toujours suivies de la pourriture loqueuse, ce qui permet de conclure que lorsque cette pourriture spéciale se déclare en dehors des cas de contagion, il doit se joindre aux causes ci-dessus des influences locales, influences dont on n'est pas encore parvenu à déterminer le caractère. (2)

(1) Aristote, qui écrivait il y a 2200 ans, dit, après avoir décrit les ravages de la fausse-teigne : « Une seconde maladie est une sorte d'inertie qui tombe sur les abeilles ; la ruche contracte alors une mauvaise odeur. » (*Histoire des Abeilles*, liv. IX.) L'inertie est le propre des ruchées décimées par la loque ; il est probable que les Anciens, non plus que nos campagnards, ne visitaient pas souvent l'intérieur de leurs ruches et qu'ils ne reconnaissaient la maladie qu'à l'inactivité des colonies et à leur mauvaise odeur.

Della Rocca, dans son *Traité complet sur les abeilles* (Paris 1790, Vol III, p. 255) décrit avec beaucoup de détails une peste qui a ravagé et détruit les ruchers de l'île de Syra, de 1777 à 1780, et qui n'était autre que la loque, bien qu'il ne lui donne que le nom de pourriture du couvain. Il cite l'abbé Tessier et Schirach qui ont décrit cette maladie avant lui.

(2) Plusieurs maîtres américains estiment que la loque ne se produit que par contagion : le professeur Cook dit qu'il est absolument impossible qu'elle puisse provenir soit de couvain refroidi, soit de couvain mort par une cause naturelle (*Gleanings*, février 1882).

M. Ch. Dadant, qui cultive les abeilles par centaines de colonies depuis 20 ou 25 ans, n'a jamais vu de ruche loqueuse; il a eu l'occasion de trouver du couvain

Le mal peut atteindre les différents membres de la famille, mais chez les abeilles adultes on ne constate guère sa présence que par l'examen anatomique, et les ouvrières qui y succombent vont mourir au dehors, tandis que les larves infectées entrent en décomposition dans leurs cellules et ne sont pas expulsées par les ouvrières, si l'homme ne vient pas à leur aide au moyen de désinfectants. C'est donc surtout l'état du couvain qui révèle la présence de la maladie dans la ruche à l'œil inexpérimenté. Par l'examen au microscope, on constate que les abeilles adultes, ainsi que les larves loqueuses, et même les œufs, si la reine est malade, contiennent dans leurs sucs des bacilles, organismes infiniment petits (analogues aux bacilles du choléra), doués de motilité et multipliant avec une rapidité inouïe.

La reproduction des bacilles se fait par fissiparité. Lorsqu'un bacille ne trouve plus à se nourrir, à végéter dans la matière organique qui le contient, il se divise en sections dont l'ensemble affecte d'abord la forme d'un chapelet, puis ces sections s'arrondissent, se séparent et forment autant de grains de poussière constituant les spores ou graines, qui s'attachent aux abeilles, comme à tous les corps avec lesquels elles entrent en contact, et propagent la maladie dans la ruche et au

mort de refroidissement ou d'affautissement et jamais la loque ne s'est déclarée. Il conclut donc que cette maladie n'est pas spontanée (*Revue* 1882, p. 230).

Quinby, sans être aussi affirmatif que les deux premiers, estime que 19 cas de loque sur 20 doivent être attribués à la contagion et déclare qu'après 30 ans de patientes et minutieuses observations, il n'a pas encore pu se convaincre d'une façon satisfaisante qu'un seul cas de maladie grave parmi ses abeilles ait été amené par le refroidissement du couvain (*Bee-keeping*, éd. de 1878, p. 214). « Souvent, dit-il plus loin, la maladie éclatait au printemps dans mes colonies les plus populeuses et les mieux approvisionnées et même plutôt dans celles-là que dans d'autres. » Il a constaté le premier cas de loque dans ses ruchers en 1835, bien avant l'emploi des ruches à cadres mobiles.

Della Rocca (déjà cité), pour expliquer l'origine de la loque, se livre à la supposition que « quelque rouille pestilentielle avait sans doute corrompu la qualité du miel et les poussières des étamines ». Aristote avait écrit : « les abeilles sont sujettes à devenir malades lorsque les fleurs sur lesquelles elles font leur récolte sont attaquées de la rouille ».

Un de nos collègues attribue la loque à du pollen gelé. Berlepsch mentionne et discute les hypothèses suivantes, émises par divers savants et apiculteurs allemands pour expliquer la naissance de la loque : 1° une petite mouche déposerait ses œufs dans les larves des abeilles ; 2° le nourrissement avec des miels étrangers obtenus par le pilage des rayons contenant encore du jeune couvain ; 3° du couvain mort non expulsé de la ruche ; 4° une rosée vénéneuse dont les fleurs sont couvertes à certains moments ; cette supposition avait cours déjà en 1860, dit Berlepsch, et Dzierzon se montre disposé à l'admettre (voir nos citations d'Aristote et de Della Rocca à ce sujet) ; 5° la loque serait en connexion avec la culture des abeilles par l'homme.

loin. (1) Ces spores, comme beaucoup de graines de végétaux, ont une vitalité remarquable, qu'elles conservent probablement longtemps, et résistent aux plus grands froids. Lorsqu'elles sont de nouveau en contact avec des larves dans une ruche, elles entrent en germination et deviennent des bacilles; or l'expérience démontre que, dans les cas de loque, de même que dans les épidémies de choléra, ce sont les êtres débiles, mal portants, mal nourris qui sont surtout atteints et deviennent des foyers d'infection pour les autres. Par conséquent, ces spores pouvant se trouver répandues dans le rucher ou dans son voisinage, ou être apportées par des abeilles pillardes de ruchers voisins, ou rapportées par des abeilles du rucher qui auraient pillé une ruche loqueuse étrangère, le premier soin de l'apiculteur doit être de veiller à ce que le couvain de ses ruches ne souffre jamais ni de refroidissement, ni d'affautissement, ni d'une alimentation défectueuse, et qu'il ne soit pas élevé dans des rayons trop vieux, malpropres ou humides.

Les premiers signes de la maladie sont une sorte d'inertie à laquelle les abeilles sont en proie, un mauvais groupement de la population, la dissémination du couvain; enfin, et c'est là le signe le plus facile à reconnaître pour un commençant, la mauvaise position de quelques larves dans leurs cellules. La larve saine est d'un blanc de perle et arrondie en forme de C au fond de sa cellule; la larve malade s'allonge horizontalement dans sa cellule pour mourir, devient jaunâtre, puis brunâtre et se décompose. Lorsque le mal se développe dans des larves déjà operculées, l'opercule s'affaisse légèrement et un trou s'y produit au centre; l'intérieur est alors déjà en putréfaction (ne pas confondre avec les larves saines, dont l'opercule n'est pas achevé et dont la blancheur indique l'état de santé). Lorsqu'on a laissé la maladie se développer, la pourriture devient telle que la ruche répand une très mauvaise odeur.

Les abeilles ont l'habitude d'expulser immédiatement des cellules et de la ruche tout couvain défectueux, détérioré par accident ou mort, mais elles font exception pour le couvain loqueux, qu'elles ne touchent pas volontiers et laissent pourrir dans les cellules; c'est à ce signe aussi que l'on reconnaît la présence de la maladie.

On a essayé d'un très grand nombre de traitements pour combattre la loque; ce sont ceux opérés au moyen de désinfectants qui sont en somme les plus simples, à moins qu'on n'ait recours à la destruction

(1) Grâce à l'obligeance de M. Cowan et à son puissant microscope, nous avons pu observer dans les sucs de larves et d'abeilles des bacilles se tortillant et d'autres à divers degrés de leur transformation en chapelets et en spores.

par le feu de la ruche infectée, et surtout les plus économiques, en ce qu'ils ne comportent le sacrifice ni des caisses, ni des rayons, ni des abeilles, ni du couvain et qu'ils n'empêchent pas généralement de faire une petite récolte l'année du traitement.

Les principaux désinfectants qui ont été employés sont: l'acide salicylique, en fumigations et dans la nourriture (Hilbert); l'acide phénique, en lavages et dans la nourriture (Butlerow); l'essence d'eucalyptus, quelques gouttes dans un coin de la ruche et dans la nourriture (Bauverd); le thymol dans la nourriture et le thym en fumigations (Klempin); le camphre, déposé dans la ruche (Ossipow) et dans la nourriture, etc.

Le traitement d'Hilbert ayant réussi dans nos ruchers, nous le décrirons en détail tel que nous l'avons appliqué avec les quelques modifications et simplifications que l'expérience nous a suggérées. Voici d'abord les recettes:

Solution Hilbert n° 1: Acide salicylique précipité, très pur, 12 ½ grammes; alcool, très pur, 100 grammes.

Solution Hilbert n° 2: 200 gouttes de la solution n° 1, soit 5 grammes, dans 200 grammes d'eau distillée ou de pluie, tiède, pour empêcher que l'acide ne se précipite.

Fumigations: 1 gramme d'acide pur par fumigation.

Sirop: de 200 à 240 gouttes de la solution n° 1, soit 5 à 6 grammes par litre de sirop; faire le mélange avant refroidissement du sirop.

Aussitôt qu'on a aperçu des larves malades, on procède à la désinfection de la ruche et à son nourrissement curatif, ainsi qu'au traitement préservatif des autres colonies.

La première chose à faire est de fumiger, ce qu'il faut entreprendre, autant que possible, lorsqu'il n'y a pas d'abeilles dehors, c'est à dire le matin ou le soir.

Le fumigateur est une sorte de lanterne en fer-blanc, munie d'une petite lampe à alcool, et dont la cheminée, à charnière, est recourbée en forme de cou de cygne, de façon à ce que son extrémité, large de 13 cm. environ et haute de 3, se projette en avant et puisse être engagée entre la ruche et son plateau. A 9 ou 10 cm. au-dessus de la lampe se trouve une augette pour l'acide; elle est munie d'un double fond dans lequel on met de l'huile ou une graisse pour empêcher que l'acide ne brûle. (1) La flamme de la lampe est réglée de manière à ce que l'acide (1 gramme) s'évapore ou se liquéfie lentement sans brûler; une trop forte chaleur le décomposerait et le rendrait sans

(1) Fumigateur à acide, coût fr. 8. — Chez L.-S. Fusay, aux Arpillières, Chêne, (Genève).

effet ou même nuisible. La ruche est soulevée par derrière et la cheminée de la lanterne est engagée entre la caisse et le plateau comme une cale. Les espaces entre ruche et plateau sont bouchés avec des lattes assemblées en forme d'équerres.

L'acide se répand dans la ruche sous forme de vapeur blanche. Afin de mieux établir le courant, on peut soulever un coin de la couverture des cadres. Pour les ruches à l'allemande, on remplace la fenêtre-partition par une planchette entaillée au bas et l'on soutient la lanterne de quelque manière.

Pendant la fumigation, on lave le trou-de-vol, la planchette d'entrée et les bords du plateau avec la solution n° 2.

Les fumigations et les lavages sont répétés au moins tous les quatre à cinq jours jusqu'à guérison. On ne tarde pas à voir les abeilles nettoyer les cellules infectées.

Les colonies malades reçoivent tous les deux soirs un sixième de litre (un verre) de sirop à l'acide, et il est prudent, tant que dure le traitement, de faire la même distribution aux autres ruchées, principalement aux voisines.

D'ordinaire, la guérison se produit au bout de trois à quatre semaines. Si elle tardait davantage, ce serait signe que la reine est infectée; le mieux serait alors de la supprimer et de la remplacer. Quelquefois, les reines périssent pendant le traitement, mais le cas n'est pas fréquent. L'acide, tant sous forme de vapeur que mélangé à la nourriture, ne fait aucun mal au couvain non plus qu'aux abeilles, lorsqu'il est administré aux doses indiquées.

Nous ne saurions trop insister sur les précautions à prendre pour éviter de propager la contagion: s'abstenir de toute fausse manœuvre pouvant provoquer de l'excitation et du pillage dans le rucher; restreindre les entrées des ruches malades et n'ouvrir ces ruches que le matin ou le soir et après une fumigation; soustraire aux atteintes des abeilles en quête tout ce qui provient de ruches loqueuses: miel, rayons, raclures de plateaux, débris, etc.; se munir d'un tablier spécial pour les opérations et laver soigneusement avec de la solution n° 2 ses mains, ses outils et instruments après tout contact avec des ruches infectées. Il faut encore: enfermer dans une caisse ou armoire spéciale les rayons extraits de celles-ci et les fumiger, pour ne les rendre qu'à des colonies ayant été loqueuses; désinfecter par des fumigations ou des lavages à la solution n° 2, les vases, extracteurs, etc., ayant contenu du miel loqueux; éviter, autant que faire se peut, les échanges de rayons, plateaux, partitions, toiles, coussins d'une ruche à l'autre, dans le courant de la saison; puis, à l'automne, fumiger toute la provision de rayons vides (à l'acide ou au soufre).

On peut remplacer la solution Hilbert n° 2 pour lavages, qui a l'inconvénient de devoir être préparée tiède, par la solution Cowan: acide salicylique 12 $^1/_2$ gr., borate de soude 12 $^1/_2$ gr., par litre d'eau ordinaire froide.

Le traitement Hilbert a eu un plein succès dans celui de nos ruchers qui a été envahi par la loque; envahi est le mot, car nous avons eu à la fois dans une saison jusqu'à 37 ruches atteintes. Toutes les ruches traitées ont été guéries, et si plus tard le mal a reparu par-ci par-là, c'est qu'il avait pu prendre au début un grand développement avant d'être découvert: le rucher est distant de Nyon de 7 kilomètres et ne recevait que de rares visites. L'emplacement doit être complétement infecté de spores et il faudra du temps pour l'assainir.

M. Cowan, qui a appliqué le traitement Hilbert avec quelques légères modifications, a eu le même succès que nous, et telle est la confiance que ce traitement lui inspire qu'il n'a pas craint d'introduire dans son rucher les colonies loqueuses d'un voisin pour les traiter lui-même.

Bien des gens nient l'efficacité du traitement Hilbert ou d'autres remèdes et la possibilité de guérir la loque. Nous croyons, avec notre ami anglais, que ceux-là n'ont pas suivi le traitement dans toute sa rigueur et ont sans doute négligé certaines précautions.

Plusieurs, et parmi eux des apiculteurs distingués comme M. Schönfeld, croient à l'existence de deux loques, dont l'une serait guérissable et l'autre pas. La loque à bacilles a été guérie en Suisse, en Angleterre et ailleurs, nous ne connaissons pas l'autre.

Il est encore un remède que nous tenons à mentionner spécialement, c'est le camphre, signalé par l'apiculteur russe Ossipow en mars 1884 (voir notre *Revue* de juin 1884). On dépose sur le plateau de la ruche, enveloppé d'un chiffon, un morceau de camphre de la grosseur d'une petite noix et on le remplace lorsqu'il est évaporé. La présence du camphre permet aux abeilles de nettoyer les cellules contenant des larves mortes ou pourries et arrête le développement du mal. Tant qu'une ruche en contiendra, la loque ne s'y développera pas (du moins selon l'expérience de notre métayer et de beaucoup d'autres apiculteurs); la première chose à faire, donc, lorsqu'on a quelque doute sur l'état de santé d'une colonie, c'est d'appliquer le remède Ossipow, quitte à procéder ensuite au traitement curatif radical par l'acide salicylique. On peut aussi administrer du camphre dans la nourriture, en le faisant dissoudre dans son poids d'alcool; nous savons que le procédé a été employé avec succès, mais ne sommes pas en mesure d'indiquer un dosage déterminé. Dans celui de nos ruchers qui a été autrefois le plus maltraité par la loque, nous avons pris l'habitude de tenir un morceau de camphre dans chaque ruche toute l'année; la dépense s'élève à 50 ou 60 centimes par ruche et par an. L'année dernière, deux essaims artificiels, qui n'avaient pas reçu de camphre, ont donné de légers signes de loque, tandis que toutes les autres familles n'ont cessé d'être bien portantes. Il semblerait donc que le camphre, s'il n'a pas la puissance de déraciner toujours complètement le mal, l'arrête du moins et empêche son développement. Il est par conséquent d'une très grande ressource dans les ruchers qui ont été autrefois profondément infectés ou qui ont un mauvais voisinage. Enfin, son emploi est si simple qu'il ne faut pas hésiter à y recourir à la moindre alerte, sans négliger l'application d'un remède plus radical si cela est nécessaire.

Pour se préserver du retour de la loque, M. Cowan ajoute toujours de l'acide salicylique dans la nourriture administrée à ses ruches; M. G. de Layens met dans l'eau des abreuvoirs 1 gramme d'acide par litre d'eau; on fait fondre l'acide dans un pot d'eau bouillante.

M. Klempin s'est servi avec succès de branches de thym desséchées, comme combustible dans l'enfumoir, pour désinfecter ses ruches ; mais leur effet, comme celui du camphre, n'est peut-être pas radical; les expérimentateurs ne sont pas tous d'accord à ce sujet.

En résumé, le commençant qui voit apparaître la loque n'hésitera pas à appliquer consciencieusement le camphre et l'acide salicylique; il doit affronter et surmonter le danger s'il veut mériter le nom d'apiculteur. Mais la loque est une maladie si terrible, si contagieuse et surtout si difficile à déraciner d'un rucher qui en a été fortement atteint, que le possesseur d'un grand établissement, s'il la voit se déclarer dans une ruche, fera bien de détruire immédiatement la colonie, pour tuer le mal dans sa racine. Si plusieurs colonies sont atteintes, alors il entreprendra bravement le traitement. Pour détruire une ruche, on y introduit de nuit par l'entrée une mèche soufrée; le contenu sera ensuite brûlé et la caisse elle-même désinfectée, raclée et repeinte.

MAI

Mal-de-mai. — Agrandissement des habitations. — Miel en sections. — Essaims naturels. — Mise en ruche d'un essaim. — Essaimage artificiel. — Essaimage progressif et élevage artificiel des reines. — Grande miellée; espace à donner aux colonies, aération, etc.

Mal-de-mai. — Les Allemands désignent sous ce nom *(Maikrankheit)* une maladie qui paraît être plus fréquente chez eux que chez nous.

Les abeilles se traînent péniblement; elles sont incapables de voler et meurent au bout de quelques heures, l'abdomen gonflé et rempli d'excréments. Des apiculteurs pensent qu'elles périssent pour avoir visité la dent-de-lion ou d'autres fleurs après une gelée: le froid exercerait une influence pernicieuse sur le pollen ou le nectar. Les rares cas que nous avons observés dans nos ruchers nous feraient supposer que l'humidité accidentelle de la ruche n'y serait pas non plus étrangère.

M. Hilbert recommande le sirop à l'acide salicylique tant comme préservatif que comme curatif.

Agrandissement des habitations. — Nous revenons sur ce sujet, déjà traité le mois dernier, car c'est en mai que les colonies prennent généralement leur grand développement et demandent beaucoup d'espace. Un rayon de 12 décim. carrés bien couvert d'abeilles en porte environ 5000; si la reine arrive à pondre de 1500 à 2000 œufs par 24 heures (1), il naîtra à peu près autant d'abeilles chaque jour, et, cette ponte prise pour base, ce serait donc tous les trois ou quatre jours qu'il faudrait ajouter un rayon ou un cadre de cire gaufrée, jusqu'à ce que le corps de ruche soit plein et que l'on puisse procéder à la pose des magasins à miel, si la ruche est d'un système à hausses. Mais comme il meurt aussi chaque jour un certain nombre de vieilles abeilles, l'augmentation de la population ne va pas tout à fait aussi vite. C'est du reste d'après l'aspect de la ruche qu'on se base pour agrandir. Plus tard, il continue à se perdre beaucoup d'abeilles aux champs, de sorte que la population n'augmente pas indéfiniment; après la récolte, elle tend à diminuer en même temps que la ponte.

Il ne convient jamais de donner trop de place à la fois; c'est pourquoi l'on fait généralement les hausses (ou les rangées de cadres des magasins) de la moitié seulement du corps de ruche en hauteur et même plus petites. Lorsque l'une d'elles est bien occupée et en partie remplie de miel, on peut en intercaler une seconde (voir *Magasins à miel*).

Miel en sections. — L'apiculteur trouve souvent avantage à vendre une partie de son miel en rayons, au lieu de l'extraire en totalité. Cela dépend des habitudes du marché où il l'apporte et des préférences de sa clientèle. De plus, en présence de la concurrence des produits étrangers et surtout des fabriques de glucose, il n'est pas douteux que le miel présenté en rayon, marchandise d'un transport plus difficile et

(1) Pour calculer la ponte journalière d'une reine, on divise par 21 le nombre des cellules contenant des œufs, des larves ou des nymphes. Un rayon de 12 dcm. c. contient environ 10,200 cellules à ouvrières.

impossible à falsifier, quoi qu'on en dise, offre à l'amateur de vrai miel du pays plus de garantie d'authenticité que lorsqu'il est extrait.

Le miel en rayon se vend en capes ou calottes, en cadres ou en sections.

Les capes ont leurs amateurs fidèles qui n'admettent le miel que sous cette forme. Il s'y mêle souvent pour eux des souvenirs d'enfance; puis il est certain qu'une cape proprette, en paille neuve et garnie de rayons dorés, est une chose fort appétissante et d'un transport relativement facile. Aussi sommes-nous tout à fait d'avis qu'on ne doit pas abandonner ce genre de produit, bien qu'il soit d'un rapport moindre que ceux obtenus par les nouvelles méthodes. C'est la spécialité du cultivateur de la ruche en paille qui n'a souvent ni le goût ni les moyens de devenir mobiliste. Du reste, on peut faire remplir des capes sur nos ruches en ayant soin de fermer avec des planchettes échancrées (ou des feuilles de carton peint) les espaces que les capes ne recouvrent pas.

Le miel en cadres ordinaires est aisé à obtenir, et si les cadres sont petits, on peut mieux le détailler que s'il est en capes; mais il est difficile à transporter, les faces des rayons n'étant pas protégées comme dans les sections décrites ci-après.

Celui qu'on fait emmagasiner par les abeilles dans des boîtes assez grandes pour contenir plusieurs rayons présente, comme les capes, l'inconvénient de ne pouvoir être aisément détaillé, et il n'en a pas l'aspect attrayant, ni ce cachet du vieux temps qui séduit beaucoup de gens.

Pour réunir le plus d'avantages possible, c'est à dire : facilité de maniement, de transport, de vente au détail et aspect attrayant, les apiculteurs progressistes ont adopté ce qu'ils désignent sous le nom de sections. Ce sont de petits cadres à peu près carrés, faits généralement de lames de bois plus larges que celles des cadres à extraire; les montants ou lames verticales ont plus de largeur encore que les traverses, de façon à dépasser de chaque côté de quelques millimètres l'épaisseur du rayon contenu et à le protéger contre les chocs. Les dimensions des sections sont calculées de manière à ce que, pleines, elles se rapprochent le plus possible des poids de 1 k., $^3/_4$ k., $^1/_2$ k., etc., bois compris. Elles sont placées en dehors du nid à couvain, c'est à dire soit sur les côtés de la ruche, soit au-dessus. On les emboîte par 2, 3 ou 4 dans des cadres spéciaux suspendus dans la ruche ou dans les hausses, ou bien elles sont rangées sur des châssis à claire-voie, mais dans ce cas elles doivent nécessairement être placées au-dessus du nid à couvain.

Ces petites sections de rayons doivent être aussi propres et coquettes que possible, aussi les apiculteurs se sont-ils appliqués par d'ingénieuses dispositions à les garantir de toute tache de propolis ou de pollen, c'est à dire à éviter que les faces extérieures du bois soient en contact avec les abeilles. De même, pour obtenir des rayons d'une épaisseur uniforme, ils placent entre les rangées de sections, c'est à dire parallèlement aux rayons, des lames de bois mince ou de carton durci, ou plus généralement de fer-blanc, qui empêchent les abeilles d'allonger les cellules au-delà d'une certaine limite. Ces séparateurs sont plus étroits que les sections ne sont hautes, de façon à laisser en haut et en bas un espace de 8 à 12 mm. non fermé. Ils sont cloués d'un côté aux cadres contenant les sections ou, dans les châssis, supportés par des traverses clouées au fond de ceux-ci.

On détermine moins facilement les abeilles à entrer dans les sections et à y travailler lorsque celles-ci sont isolées les unes des autres par des séparateurs; c'est l'une des raisons pour lesquelles beaucoup d'Américains et d'Anglais, grands producteurs de sections, ont conservé les petites chambres à couvain, qui, sous d'autres rapports: prévention de l'essaimage, développement complet des colonies, présentent de réels inconvénients et demandent beaucoup plus de surveillance et de soins. On a donc essayé de supprimer les séparateurs, mais sans pouvoir obtenir la même régularité, la même perfection; si l'on obtient davantage, le produit est moins beau; souvent les rayons dépassent leur encadrement au détriment de leurs voisins et ne peuvent être emballés. Celui qui pense trouver comme nous l'écoulement sur place de ses sections irrégulières peut se passer de séparateurs, mais une expérience de plusieurs années nous engage néanmoins à préférer leur emploi. Ce point n'est pas encore tranché du reste et les journaux de langue anglaise sont remplis de discussions à ce sujet, comme à propos de l'épaisseur à donner aux sections. On les fait de 39 à 51 mm. et toutes les dimensions intermédiaires ont leurs partisans, mais celle de 51 mm. (2 pouces) est de beaucoup la plus usitée. Les abeilles ayant besoin de 6 $^1/_2$ mm. pour circuler, l'intercalation de séparateurs entre deux sections nécessite deux passages, ce qui diminue l'épaisseur de chaque rayon de 6 $^1/_2$ mm. environ. Les sections sans séparateurs doivent avoir les montants de 42 mm. de large au maximum; celles avec séparateurs de 42 mm. au minimum. Les traverses doivent être plus étroites de 8 à 10 mm., ou entaillées de chaque côté de 4 à 5 mm., de façon à livrer passage aux abeilles. Une innovation qui semble heureuse, mais dont nous n'avons pas encore fait l'essai, consiste à entailler aussi des passages dans les montants, afin de mettre chaque section en communication avec ses voisines. Les séparateurs doivent alors être percés d'ouvertures verticales aux places correspondant aux montants des sections, afin de compléter, comme en haut et en bas, le passage nécessaire aux abeilles.

Nous nous bornons à ces indications générales, en laissant à chacun le soin de choisir parmi les nombreux modèles en vente chez les fabricants. (1) Les sections s'achètent non montées; l'assemblage se fait à mortaises et tenons, ou bien la section est faite d'une seule pièce qu'on plie aux places où se trouvent des cannelures entaillées dans l'épaisseur du bois.

Afin d'éviter autant que possible la propolisation, on serre les sections les unes contre les autres au moyen de clefs ou pièces de bois, taillées en biseau ou munies d'un ressort, qu'on force à l'une des extrémités entre la partition et la paroi de la hausse ou du châssis à claire-voie.

Entre les sections placées sur la ruche et le dessus des cadres il doit y avoir un passage, soit 6 ½ à 7 mm. d'espace. Lorsque les sections sont placées dans des cadres, les montants et traverses de ceux-ci doivent avoir une largeur égale à ceux des sections, mais on a la ressource d'augmenter ou de diminuer l'épaisseur des lattes, selon la dimension des sections adoptées, de façon à observer l'espacement de rigueur entre cadres et parois, ou entre cadres et cadres superposés (6 à 8 mm.).

Lorsqu'on emploie les châssis ou casiers à sections, l'adaptation est plus facile: le châssis peut être plus petit que la surface de la ruche; les espaces non couverts sont fermés au moyen de lattes.

Les sections doivent être amorcées, ou mieux, garnies de cire gaufrée très mince que l'on fixe de l'une des manières indiquées au paragraphe *Cire gaufrée*. Avec le petit instrument Parker, que l'on trouve chez les fournisseurs, on fait la besogne très promptement. Il se compose d'un levier relié à une planchette qu'on visse sur une table. Après avoir enduit le levier de miel, on place la section sur la planchette

(1) Chez les Anglais, nos maîtres dans ce genre de production, le modèle courant est une section de 4 1/4 × 4 1/4 × 2 pouces (108 × 108 × 51 mm.), employée avec séparateurs et donnant un poids, bois compris, d'environ une livre (454 gr.).

Les sections que nous avons adaptées à nos cadres Dadant ont 13 1/2 cm. de hauteur sur 15 1/3 ou 11 1/2 cm. de largeur, selon que nous divisons l'espace en trois ou en quatre, mais c'est un peu trop grand pour être facilement manié d'une seule main et la grandeur de la surface augmente aussi la fragilité dans le transport. Un modèle de 11 × 11 × 5 cm., donnant un poids de 500 gr. environ, serait préférable, bien qu'il nécessite des hausses et cadres spéciaux.

contre l'arrêt et dessus on introduit la feuille gaufrée jusqu'à ce qu'elle dépasse un peu la moitié de la largeur de la section; on relève l'extrémité du levier en serrant, on plie la feuille à angle droit contre celui-ci, qu'on retire ensuite. Le bord de la feuille se trouve pressé contre la section. Les dimensions de l'instrument doivent être adaptées à celle de la section. Les feuilles étant sujettes à s'allonger, vu leur extrême minceur, il faut laisser un espace vide sur les côtés et surtout en bas.

On introduit chaque jour des perfectionnements dans la fabrication des sections et la pose des feuilles; nous renvoyons aux journaux pour les détails. (1)

Il est nécessaire d'inspecter fréquemment les sections placées dans les ruches, pour les sortir dès qu'elles sont achevées, c'est à dire operculées, autrement les abeilles augmenteraient inutilement la couche de cire des opercules et finiraient par les tacher. Ce sont celles se trouvant au centre qui sont les plus promptement achevées et beaucoup de producteurs déplacent méthodiquement les sections, qu'ils mettent d'abord dans le corps de ruche, où elles sont plus vite bâties, pour les faire ensuite remplir de miel dans la hausse; celles des extrémités, dans la hausse, prennent la place de celles du centre, à mesure que ces dernières sont operculées et retirées. C'est, on le voit, assez minutieux si l'on veut imiter ce que l'expérience a enseigné aux spécialistes.

Pour examiner les sections dans les casiers, on envoie un peu de fumée, on enlève la clef de serrage, on écarte les sections l'une après l'autre et les abeilles restant sur celles que l'on sort sont brossées sur la planchette d'entrée. Il faut passablement d'attention pour ne pas écraser d'abeilles en remettant les sections.

L'inspection des sections placées dans des cadres est un peu plus facile; après avoir ôté la clef de serrage, on écarte les cadres et on les sort s'il y a lieu.

Les sections s'emballent et s'expédient par 3, 6, 12, etc., dans des petites caisses de mesure exacte que les fournisseurs livrent non assemblées. Deux des côtés des caisses sont vitrés, avec lattes de garantie clouées par-dessus. La vue du contenu empêche généralement les employés des chemins de fer ou des postes de maltraiter les colis. Il est bon d'étendre au fond des caisses du papier parchemin et de faire

(1) Nous avons employé cette année pour nos sections d'une seule pièce un nouvel outil qui fonctionne bien, le *Foundation Fixer d'Abbott*. Il se compose d'une roulette de laiton de 22 mm. de diamètre sur 9 mm. d'épaisseur, montée sur un manche, et d'une planchette découpée servant de guide. La section est placée non pliée sur la table; la feuille est mise, d'un côté, sur la partie à laquelle elle doit

une bonne poignée avec la ficelle qui entoure la caisse. Nous avons expédié des sections de cette façon à de grandes distances (Le Hâvre, Paris, Nice, etc.) et les accidents ont été très rares; une fois un rayon s'est détaché, une autre fois une vitre a été cassée, sans autre avarie. On peut, par surcroît de précaution, matelasser le fond de la caisse, mais nous nous en dispensons.

Pour l'emballage d'une section, on fabrique en Angleterre des enveloppes en carton avec poignée en ruban, des boîtes vitrées ou en ferblanc, etc.

La production des sections demande beaucoup de soin et de surveillance et nous engageons les débutants à attendre leur seconde année d'apprentissage pour commencer leurs essais.

La section est et restera un article de luxe qu'il faut vendre plus cher que le miel extrait, vu son prix de revient plus élevé.

Essaims naturels. — Dans notre pays et sous les climats analogues, c'est généralement en mai, un peu avant la grande récolte ou à son début, que les ruches essaiment; cependant on en voit jeter des essaims en avril, ainsi qu'en juin et même, accidentellement, plus tard. Dans les pays de bruyère et de sarrasin, il peut se produire un essaimage en automne.

L'essaimage, qui est chez les abeilles le mode de propagation naturel de l'espèce, est généralement provoqué par un trop-plein de population dans la ruche, ou par une défectuosité de celle-ci sous le rapport de l'exposition (trop de soleil) et de l'aération. Quelquefois, il est dû à la mort de la reine et à son remplacement par les abeilles. Un essaim se compose d'une partie de la famille: ouvrières de différents âges et mâles, qui émigrent avec la reine.

adhérer, de façon à déborder de 4 à 5 mm. le centre de cette partie et le guide est appliqué dessus pour la maintenir; puis on presse avec la roulette la bande de cire non couverte par le guide et la feuille est ensuite pliée à angle droit. La roulette doit être enduite d'amidon ou de miel.

Une autre invention de cette année consiste en une section en six pièces, dont les montants sont partagés en deux dans leur longueur. L'assemblage de la section se fait dans une forme (*block*); avant de placer les secondes moitiés des montants, on met la feuille gaufrée qui, coupée légèrement plus large que la section, déborde les montants et se trouve serrée de chaque côté lorsqu'on engage les deux dernières pièces. Traverses et montants sont entaillés de façon à ménager un passage aux abeilles des quatre côtés. Les sections sont placées dans des cadres.

La section Lee (du nom de son inventeur, attaché à la maison Geo. Neighbour & fils, à Londres, 149, Regent Street, W.), qui offre d'autres particularités trop longues à décrire, présente de nombreux avantages, à ce qu'assurent ceux qui en ont fait l'essai. Elle est brevetée.

Les signes ordinaires, mais non infaillibles ni constants, de la prochaine sortie d'un essaim sont une certaine agitation des abeilles remplaçant leur activité habituelle, quelquefois l'encombrement, puis la présence dans la ruche de mâles et de cellules de reines.

On appelle *essaim primaire* le premier essaim sorti d'une ruche, s'il est accompagné de la vieille mère, c'est à dire d'une reine fécondée. L'*essaim secondaire* est celui qui sort d'une colonie ayant donné quelques jours auparavant (généralement 8 à 9 jours) un essaim primaire. Il est accompagné d'une reine nouvellement éclose et non encore fécondée. L'*essaim tertiaire* est le troisième sorti de la même ruche; il a également à sa tête une reine non fécondée, sœur de la précédente.

Les essaims provenant du remplacement d'une reine morte ou défectueuse ont les caractères de l'essaim secondaire, c'est à dire que leur reine est nouvellement née et encore vierge, et ils demandent les mêmes précautions.

La reine qui accompagne l'essaim primaire est chargée d'œufs et lourde (1); aussi l'essaim se pose toujours assez promptement après sa sortie et ne repart qu'après un temps assez long, quand il repart; tandis que les essaims secondaires et tertiaires, qui ont des reines alertes et vierges, se posent souvent moins facilement, repartent plus promptement et quelquefois même ne se posent pas du tout dans le voisinage. Les essaims primaires ne sont pas nécessairement suivis d'essaims secondaires, tertiaires et autres; puis on peut prévenir la sortie de ceux-ci en supprimant dans la ruche qui a donné l'essaim tous les alvéoles maternels et en donnant une nouvelle reine. (2) On peut aussi rendre l'essaim secondaire ou tertiaire à la *souche* le lendemain de sa sortie; cela empêche assez généralement la production de nouveaux essaims, mais le meilleur moyen de faire cesser la fièvre d'essaimage est le suivant, qui malheureusement ne peut guère être appliqué qu'aux ruches placées isolément en plein air.

Prévention des essaims secondaires. — Voici la méthode que décrit M. James Heddon dans son *Success in Bee-Culture:* « L'essaim primaire prend la place de la souche qui est portée à quelques pouces du côté nord (les ruches de M. Heddon sont orientées à l'est), mais avec son entrée regardant le nord. Dès que la nouvelle colonie s'est

(1) Quelquefois, elle peut à peine voler et tombe devant la ruche ou ne peut pas même sortir; dans ce dernier cas, l'essaim rentre de lui-même. Si la reine est perdue, l'essaim ressortira plus tard comme secondaire.

(2) Les alvéoles supprimés servent, au besoin, à faire des essaims artificiels. On peut aussi laisser un alvéole qui fournira la nouvelle reine.

mise au travail et a bien remarqué son emplacement, soit au bout de deux jours, la souche est remise parallèlement à l'essaim, de sorte que les deux colonies regardent l'est et se touchent presque. Tout en reconnaissant chacune leur propre ruche, elles sont, par rapport aux autres colonies, sur un seul et même emplacement. Deux ou trois jours avant la sortie possible d'un second essaim, soit le 5me ou le 6me jour après la sortie du premier, pendant que les abeilles sont actives aux champs, on enlève la souche pour la porter ailleurs. »

La souche finit par perdre toutes ses butineuses, qui vont rejoindre l'essaim et la fièvre d'essaimage est coupée, mais cette perte d'abeilles n'a lieu que graduellement, ce qui a une grande importance pour la santé du couvain. L'éclosion journalière de jeunes abeilles répare les pertes au fur et à mesure. L'essaim reçoit de la cire gaufrée et dès le second jour, ou successivement s'il y a plusieurs hausses, on lui donne les magasins à miel de la souche. On en obtient un produit à peu près égal à ce qu'aurait rendu la souche si elle ne s'était pas divisée.

La méthode Heddon nous a donné d'excellents résultats.

Recueillir un essaim est une opération trop connue et qui a été trop souvent décrite pour que nous entrions dans de grands détails à ce sujet. On se sert pour cela d'une ruche en paille et de son plateau ou d'une petite caisse légère avec couvercle à coulisses. Si l'essaim tournoie trop longtemps sans se poser, on lance en l'air, dans sa direction, de l'eau, ou à défaut, de la terre, pour simuler la pluie. Il se pose généralement sur une branche d'arbre; lorsque le groupe est bien formé, on le fait tomber dans la ruche en paille (ou caisse), on applique le plateau par-dessus (ou l'on rentre le couvercle de la caisse aux trois quarts), on retourne et on pose le tout à terre, aussi près que possible de l'endroit où était l'essaim. Si celui-ci était posé très haut, on suspend la ruche (ou caisse) dans l'arbre au moyen d'une corde. Il faut avoir soin de mettre des cales entre la ruche et son plateau, afin que les abeilles tombées au dehors ou qui n'ont pas encore rejoint puissent se réunir facilement au groupe (on met également une cale sous la caisse si elle est posée à terre).

Si l'essaim se trouve à terre ou près de terre, on place la ruche au-dessus ou auprès et les abeilles s'y rendent généralement d'elles-mêmes. On peut les y déterminer en employant la fumée et une plume.

Pour s'emparer d'un essaim posé à une grande hauteur, si l'on ne peut arriver jusqu'à lui avec une échelle, on emploie un panier ou mieux un sac ajusté au bout d'une perche et maintenu ouvert au moyen d'un cercle. On a inventé toutes sortes d'appareils ingénieux pour ces cas exeptionnels. Un jeune sapin planté devant le rucher devient généralement le rendez-vous des essaims. On peut aussi attirer ceux-ci en suspendant à l'avance une ruche en paille vide ou simplement une planchette munie en dessous d'un rayon vide.

Si l'essaim repart avant d'avoir attendu son maître, il faut lui souhaiter bon voyage et prendre note d'être plus vigilant ou plus leste une autre fois.

On ne doit pas attendre que toutes les abeilles soient rentrées dans la ruche pour porter l'essaim à la place qu'on lui destine. C'est une faute d'attendre au soir pour le faire; dès qu'on voit des butineuses se détacher du groupe, il faut emporter l'essaim et le mettre dans l'habitation qu'il doit occuper.

Mise en ruche d'un essaim. — La ruche a été préalablement meublée de quelques cadres garnis de cire gaufrée. Quatre cadres de 12 décim. carrés suffisent pour un essaim ordinaire; il vaut mieux ne donner que juste la place nécessaire et n'ajouter un nouveau cadre que lorsque les premiers sont entièrement construits. On peut donner des cadres simplement amorcés, mais la ponte et l'emmagasinement du miel iront plus vite si l'on donne des feuilles et même, au centre, un rayon tout bâti. Les partitions doivent flanquer les cadres de chaque côté. Si l'on secoue les abeilles sur un drap devant l'entrée, on recouvre la ruche avant de les secouer. Nous avons l'habitude de secouer l'essaim directement dans la ruche et écartons les partitions en haut pour faire entonnoir; nous les rapprochons ensuite petit à petit, en nous aidant au besoin de l'enfumoir pour diriger les abeilles. Puis la ruche est recouverte et le soir nous lui donnons un litre de bon sirop épais, en renouvelant la dose le lendemain soir si les abeilles n'ont pu récolter au dehors. Si l'on a eu recours à la méthode Heddon, décrite plus haut, c'est du miel et non du sirop qu'il faut donner, car la nourriture risque d'être en partie transportée dans les magasins à miel.

Pour introduire un essaim dans une ruche à l'allemande, on se sert d'un large entonnoir en bois ou en carton, dont l'embouchure est placée de côté.

Un essaim moyen pèse 2 k. (19,000 abeilles environ); les beaux atteignent 3 et 4 k. Si deux essaims, sortis au même moment, se sont réunis, cela n'est pas à regretter: la ruchée n'en vaudra que mieux en ce qu'elle bâtira plus vite et récoltera bien davantage.

Les essaims secondaires et suivants sont sujets à repartir le lendemain ou même plus tard à la suite de leur jeune reine en quête d'un époux. On les retient le plus souvent en leur donnant un rayon de jeune couvain aussitôt leur mise en ruche. Quelquefois ces essaims contiennent plusieurs reines écloses en même temps; les surnuméraires sont tuées par les abeilles. Il nous est arrivé d'en sauver et d'en donner à des nucléus formés ad hoc. Une reine vierge est généralement acceptée sans préliminaires, même par une véritable colonie (orpheline), mais à condition d'être présentée dans l'heure qui suit sa naissance.

Les essaims secondaires sont souvent assez forts pour faire de bonnes ruchées dans la saison, mais il n'en est pas de même des essaims suivants qui sont généralement faibles et qu'il vaut toujours mieux prévenir ou rendre à la souche, à moins qu'on ne veuille en profiter pour faire un élevage de reines.

En supprimant l'essaimage naturel (voir Avril, *Agrandissement des habitations*), on se dispense d'une surveillance très assujétissante et on évite l'affaiblissement des populations au moment de la grande miellée, ce qui est, comme nous l'avons déjà expliqué, d'une importance capitale au point de vue de la récolte, principalement dans les contrées où la miellée est de courte durée. Il faut alors, si l'on veut augmenter le nombre de ses colonies et n'entretenir que des reines jeunes et fécondes, recourir à d'autres moyens de multiplication et d'élevage.

L'essaimage artificiel est basé sur ce principe qu'une colonie d'abeilles privée de sa reine en élève de nouvelles pour la remplacer, si elle est en possession d'œufs ou de jeunes larves d'ouvrières. Cet élevage ne peut aboutir qu'aux époques où il existe des mâles pour féconder ces reines, et il ne se fera dans de bonnes conditions que s'il y a récolte au dehors, ou si les abeilles sont nourries artificiellement.

Voici comment peut s'y prendre le commençant pour faire un essaim: Il choisit une bonne colonie et, une semaine avant les fenaisons par une belle journée, il l'ouvre, cherche la reine (voir Mars, *Recherche de la reine*) et place le rayon qui la porte, avec les abeilles qui le recouvrent, dans une ruche vide. Il prend un second rayon de couvain, mais sans les abeilles, et même un troisième si la ruche en possède plus de cinq contenant du couvain (1), plus un rayon de miel: il les met à côté du premier et ferme la ruche, sans oublier d'enclaver les rayons entre deux partitions, puis il installe cette ruche à la place de celle qui vient d'être divisée.

Dans cette dernière, qu'on désigne sous le nom de souche, les rayons

(1) On prend à la souche environ la moitié de son couvain; comme elle perd ses butineuses, il est nécessaire de diminuer la proportion du couvain par rapport au nombre des nourrices laissées pour le soigner, vu qu'elles seront seules pour le réchauffer.

restants auront été rapprochés; ceux à couvain seront groupés au centre et l'un d'eux au moins devra contenir des œufs. Elle sera installée à un autre endroit du rucher. Ses butineuses retourneront à leur ancien emplacement et renforceront l'essaim, tandis que ses jeunes abeilles, se sentant orphelines, élèveront de nouvelles reines. La colonie montrera fort peu d'activité pendant quelques jours, ayant perdu ses butineuses; il faudra lui donner un peu d'eau dans le nourrisseur et même du sirop le soir, si le temps est mauvais pendant l'élevage des larves royales. Il est infiniment peu probable qu'elle jette un essaim, malgré son élevage de reines, ayant eu sa population considérablement réduite. Elle se refera petit à petit par l'éclosion du couvain qui lui restait lors de sa division, et du reste on pourra la renforcer plus tard (voir *Précautions après la récolte*), en lui donnant un rayon de couvain pris dans une autre colonie.

Le dixième jour après son déplacement, on pourra utiliser les cellules royales surnuméraires qu'elle contiendra (en en laissant au moins une et de préférence deux), pour les faire élever dans des ruchettes (voir *Elevage artificiel des reines*), mais pour faire de bon élevage il est préférable d'opérer méthodiquement, comme nous le décrivons ci-après, et il ne convient guère d'avoir des ruches en formation au moment où la récolte cesse, à cause du danger que présente le pillage à cette époque.

Au lieu de laisser la ruche orpheline élever des reines, on peut, avec avantage, lui en présenter une sous cage le jour même de son déplacement (voir Mars, *Remplacement des reines*).

L'essaim devra naturellement, ainsi que la souche, être surveillé au point de vue des provisions et de l'agrandissement de l'habitation selon les besoins.

Nous fixons pour l'époque de la formation de l'essaim la semaine qui précède la fin de la grande récolte, afin de nuire le moins possible au rendement de la colonie qui sera divisée; mais on peut faire cette division plus tôt. Le produit en miel sera moindre, mais on aura moins de sirop à dépenser pour nourrir l'essaim.

Il existe une infinité de manières de faire des essaims, mais comme nous savons par expérience qu'il faut ne pas embrouiller l'esprit du commençant et lui éviter l'embarras du choix, nous nous en tiendrons pour lui à celle ci-dessus avec laquelle il sera, croyons-nous, le moins exposé aux mécomptes et aux accidents.

Nous adressant maintenant aux personnes d'un peu plus d'expérience, nous décrirons une méthode pour faire de l'essaimage en grand et élever des reines artificiellement.

Essaimage progressif et élevage artificiel des reines. — L'essaimage progressif, décrit par M. Ch. Dadant dans notre *Revue* de 1881, page 89, permet d'accroître le nombre des colonies et d'élever des reines sans diminuer sensiblement la récolte. (1)

Dans un rucher, il y a généralement un quart environ des colonies qui, pour diverses causes connues ou inconnues, mettent plus de temps que les autres à se développer et n'ont pas encore, à l'arrivée de la grande récolte, assez de *butineuses* pour donner un bon rendement. Ce sont ces colonies médiocres qui fourniront les abeilles pour les essaims et les meilleures d'entre elles qui seront chargées d'élever les reines au moyen des œufs de bonne provenance qui leur seront procurés.

Les ruches les meilleures comme développement, activité et caractère fourniront : les unes, les œufs pour l'élevage des reines, les autres, les mâles destinés à les féconder. Pour obtenir ces derniers, on aura soin d'introduire dès la fin de mars dans une ou plusieurs ruchées de choix un rayon à grandes cellules.

La grande miellée arrivée, on choisit une de ces colonies qui, sans être faibles bien entendu, ne sont pas suffisamment prêtes pour la récolte. On tue sa reine (2) et on lui enlève tous les rayons contenant du couvain non operculé pour les donner à une ou plusieurs colonies quelconques qui fournissent en échange à l'orpheline le même nombre de rayons contenant du couvain tout operculé. (3) Puis, cette colonie orpheline reçoit au centre un rayon vide qu'on aura eu soin d'introduire trois jours avant au centre d'une colonie de choix et dans lequel la reine de choix aura déposé des œufs.

On aura préalablement découpé le bas de ce rayon contenant les œufs de choix pour supprimer les cellules sans œufs et permettre aux nourrices d'allonger les cellules royales en bas. On aura même enlevé trois œufs sur quatre dans la rangée inférieure, afin d'espacer les cellules royales qui seront ainsi plus faciles à découper.

(1) Nous avons introduit quelques modifications de détail dans la méthode Dadant, afin d'obtenir plus sûrement que les larves, adoptées par les nourrices pour être transformées en reines, le soient dès leur sortie de l'œuf. De récentes analyses et observations sont venues confirmer ce fait antérieurement signalé que, pour obtenir des reines vraiment bonnes et de longue vie, il est d'une importance capitale que les larves reçoivent dès leur naissance la nourriture spéciale et spécialement abondante qui doit amener leur développement complet. Les personnes qui désirent être édifiées à ce sujet feront bien de lire, dans notre *Revue* de mars 1887, les communications de MM. Dr de Planta, T.-W. Cowan et Frank Benton.

(2) Ou l'on en dispose de quelque façon.

(3) S'il ne reste qu'un très petit nombre de larves non operculées dans un rayon, on peut les sortir avec une épingle.

Si, pendant les cinq ou six premiers jours de l'élevage des larves, le temps est défavorable, il faudra nourrir le soir avec du miel ou du bon sirop et tenir la ruche chaudement couverte.

Le 12me jour à partir de l'introduction des œufs de choix, les cellules royales seront prêtes; elles écloront à partir du 13me jour.

Le nombre des cellules royales construites décide de celui des nucléus à former. Comme il faut en laisser une à la ruche d'élevage, s'il s'en trouve 7 il y en aura 6 disponibles. Deux cellules adhérentes ne comptent que pour une.

Les nucléus ou noyaux de colonies sont installés dans des ruches ordinaires, qui prennent dans ce cas le nom de ruchettes. Chacun se compose d'un rayon contenant du miel et si possible du pollen, d'un rayon de couvain avec ses abeilles et un supplément d'abeilles, plus d'une cellule royale.

Le jour venu de prendre les cellules royales (1), c'est à dire un, deux ou trois jours avant leur éclosion (le 12me jour), on prépare, le matin, les ruchettes, en mettant d'abord dans chacune le rayon de miel flanqué d'un côté d'une partition; l'autre partition est placée de l'autre côté, mais à un espace de distance et légèrement inclinée en dehors, pour permettre l'intercalation du rayon de couvain. Cette opération doit être faite à l'abri des pillardes. Les ruchettes sont recouvertes, leur entrée, ou trou-de-vol, est soigneusement fermée et elles sont portées à la place qu'elles doivent occuper.

Chacune reçoit ensuite un rayon de couvain, pris avec les abeilles qu'il porte dans une ruchée médiocre, plus les abeilles d'un second rayon de couvain qu'on secoue ou brosse dans la ruchette en dehors d'une partition. (2) Avant de prendre ou de secouer un rayon de couvain, il faut chercher la reine et veiller à ce qu'elle ne risque pas d'être emportée avec le rayon ou les abeilles. Immédiatement après l'introduction du rayon et des abeilles, la ruchette est soigneusement refermée.

Quelques heures plus tard on fait la distribution des cellules royales. On les découpe avec une lame de canif, en les touchant le moins possible avec les doigts et en laissant à chacune un talon de cire qui permette de les saisir. Elles sont délicatement placées dans une boîte sur un lit d'herbe non odorante ou de coton; il faut éviter de les secouer,

(1) Plus une cellule approche de sa maturité, plus elle a de chance d'être acceptée par les abeilles auxquelles on la présente. Les abeilles amincissent l'opercule des cellules un peu avant l'éclosion.

(2) Les partitions doivent toujours être construites de façon à ce qu'il reste entre leur bord inférieur et le plateau de la ruche un passage de 10 à 12 mm. de hauteur.

de les laisser tomber et de les exposer au froid ou au soleil. En ouvrant les ruchettes pour placer les cellules, on envoie immédiatement beaucoup de fumée par le haut pour chasser les abeilles vers le bas des rayons. La cellule est prise de la main gauche par son talon, de la droite on écarte les deux rayons et après avoir introduit la cellule, pointe en bas, au-dessus du couvain, on les rapproche de façon à ce que le talon soit pincé. Si le talon est trop petit, on peut le soutenir avec une épingle de quelque façon; les abeilles le consolideront très vite. (1)

Les entrées des ruchettes ne seront rouvertes qu'à la tombée de la nuit et on ne leur donnera que deux centimètres de largeur, vu la faiblesse de la population. Il sera bon d'incliner devant une tuile ou une planchette, pour forcer les abeilles à s'orienter de nouveau et conserver ainsi le plus possible de butineuses au nucléus. Le lendemain, il faudra s'assurer que les nucléus ont encore suffisamment de population et si le couvain n'est pas bien couvert, on brossera ou secouera de nouveau dans la ruchette les abeilles d'un rayon de couvain appartenant à une colonie médiocre.

Trois ou quatre jours après la formation des nucléus, toutes les jeunes reines devront être sorties de leurs cellules (2) et celles qui auront réussi devront commencer la ponte, si le temps a été favorable, huit à dix jours plus tard, soit environ vingt-deux à vingt-quatre jours après la ponte de l'œuf; mais il pourra y avoir quelques jours de retard si leurs sorties à la rencontre des mâles ont été contrariées par le froid ou la pluie.

Après l'éclosion des reines, lorsque les nucléus ne contiendront plus de couvain non operculé, soit cinq à six jours après leur formation, il faudra leur redonner un rayon de couvain de différents âges pris, sans les abeilles, dans une colonie médiocre. Les faibles populations sans jeune couvain se défendent mal contre les pillardes et sont sujettes à déserter la ruche lorsque la jeune reine sort pour se faire féconder. Si l'on veut économiser les rayons de couvain et ne pas donner de développement au nucléus (c'est à dire si l'on se propose de le démonter après avoir disposé de sa reine), on peut donner le rayon operculé du nucléus à la colonie médiocre, en échange de celui non operculé que celle-ci fournit. Si au contraire le nucléus est destiné à devenir une co-

(1) On peut aussi greffer les cellules dans les rayons, mais c'est plus long et l'on endommage ceux-ci. Le talon doit alors avoir la forme d'un V et une ouverture de même forme est découpée dans le rayon pour le recevoir.

(2) Les œufs pouvant avoir été pondus le 1er, le 2me ou le 3me jour du séjour du rayon vide dans la colonie de choix, les reines peuvent éclore le 13me, le 14me ou le 15me jour après le transport de ce rayon dans la colonie d'élevage.

lonie, on lui laisse son premier rayon de couvain, de sorte qu'il se compose de trois rayons, dont deux de couvain.

Lorsque les jeunes reines ont commencé à pondre, elles deviennent disponibles et peuvent être introduites soit immédiatement soit plus tard dans d'autres colonies (voir *Remplacement des Reines*). Le nucléus est ensuite démonté et son contenu sert à fortifier d'autres nucléus (voir *Réunions*), ou est réuni à quelque colonie médiocre affaiblie par des prélèvements.

Si le nucléus est considéré comme essaim à conserver, on lui donne un troisième rayon de couvain, de préférence operculé, et l'on veille à ce qu'il ne manque pas de vivres ni de place. Son entrée est graduellement agrandie à mesure que sa population augmente. Huit jours plus tard, on pourra lui donner un nouveau rayon de couvain, et comme à cette époque la grande récolte est généralement terminée ou près de l'être, on pourra faire ces nouveaux prélèvements de rayons dans les plus fortes colonies. Nous rappelons que les rayons de couvain doivent toujours être groupés ensemble.

Les cellules royales ne sont pas toujours acceptées; quelquefois elles sont détruites, ce qui se reconnaît à ce qu'elles sont ouvertes par le côté et à ce que les abeilles en construisent de nouvelles. Ces nouvelles cellules doivent être supprimées et le nucléus démonté, à moins qu'on n'ait fait un second élevage quelques jours après le premier et qu'on n'ait une autre cellule royale à lui donner. Quelquefois aussi, la jeune reine se perd dans son vol de fécondation, ce qui nécessite encore la suppression du nucléus. Les ruchettes demandent beaucoup de soin et de fréquentes inspections.

La ruche d'élevage doit être suivie de près comme les nucléus et si sa reine n'a pas réussi, elle recevra l'une de celles des nucléus.

Selon le but qu'on se propose et le nombre de ruches disponibles, on constitue une ou plusieurs ruches d'élevage. La seconde est formée trois ou quatre jours après la première, afin qu'on puisse utiliser pour la seconde série de nucléus ceux de la première dont les cellules n'auront pas été acceptées.

Il est impossible de prévoir à l'avance combien une ruche d'élevage fournira de cellules; cela varie de trois ou quatre à vingt, et même davantage si l'élevage est fait par une race orientale. On a observé que ce sont les colonies moyennes qui en élèvent le plus.

L'essaimage progressif permet d'augmenter le nombre des ruches sans nuire beaucoup au rendement en miel, puisque ce sont les colonies médiocres qui sont seules mises à contribution; et, par la sélection des œufs d'élevage et l'exclusion des larves déjà écloses depuis un ou plusieurs jours, on obtient des reines de première qualité, ce qui est loin d'être toujours le cas lorsqu'on abandonne l'élevage aux hasards de l'essaimage naturel ou du remplacement naturel. Les colonies qui remplacent leur reine devenue vieille le font souvent en saison défavorable et celles qui sont en proie à la fièvre d'essaimage, tout aussi bien que celles simplement rendues orphelines sans autre précaution, font fréquemment choix, dans leur hâte, de larves âgées de plusieurs jours pour les transformer en reines; or il est maintenant et définitivement reconnu que ces reines ne peuvent avoir reçu leur développement complet.

Il nous a fallu du temps pour nous convaincre de la chose, mais aujourd'hui, grâce entre autres à un collègue et ami qui a attiré notre attention sur ce point, nous nous sommes bien édifié et l'expérience de ces dernières années nous a rendu complétement partisan de l'élevage artificiel par sélection, comme du remplacement périodique des reines tous les trois ans, après la récolte. (1) En somme, le rendement d'un rucher dépend de la bonté des reines et la peine que donne un élevage méthodique est largement compensée par le produit, ainsi que par la suppression presque complète des ennuis que causent soit les pertes de reines en hiver et au printemps, soit le traitement de colonies faibles qui coûtent en nourriture et en soins souvent plus qu'elles ne rapportent.

Cette méthode n'est pas à la portée de tous, mais c'est celle que devra choisir l'apiculteur qui veut tirer tout le parti possible de ses abeilles et améliorer la race de son rucher.

Grande miellée, espace à donner aux colonies, aération, etc. — La grande miellée commence généralement dans notre pays du 20 au 25 mai. Les ruches se remplissent, aussi doit-on pourvoir à ce que toutes les colonies aient largement la place nécessaire pour entreposer les nectars et emmagasiner le miel. C'est à ce moment qu'on peut facilement constater de combien les fortes populations devancent les autres.

Il faut aussi veiller à ce que les abeilles ne souffrent pas de la chaleur; on abrite les ruches du soleil; celles à plateau mobile sont soulevées par devant au moyen de cales d'un centimètre environ, de façon à ce que les abeilles puissent circuler sous toute la largeur de la paroi de devant. Avec nos modèles, dont les parois ont des feuillures recouvrant l'épaisseur du plateau de trois côtés, ces trois côtés restent fermés. Aussitôt après la récolte, il faut avoir soin d'enlever les cales, afin d'éviter le pillage. C'est par ces précautions qu'on empêche les abeilles de s'amasser en grappes au dehors de la ruche et de rester oisives quand la besogne les réclame.

(1) M. Cowan dit tous les deux ans.

JUIN

Moment où l'on prélève le miel. — Atelier. — Extraction du miel. — Vases pour le miel. — Miel en rayon. — Purification de la cire. — Précautions après la récolte. — Apiculture pastorale.

Moment où l'on prélève le miel. — Dans nos contrées, la première récolte se termine, en plaine, avec les fenaisons (1) qui ont généralement lieu, en saison ordinaire, dans la première quinzaine de juin. Elle dure donc de deux à trois semaines, rarement plus. Celui qui veut obtenir du miel blanc doit procéder à l'extraction avant l'épanouissement des fleurs de seconde récolte, dont les nectars sont généralement plus colorés et d'un goût plus accentué et moins fin. Dans un rucher de quelque importance il y a tout intérêt à séparer les deux qualités de miel. Chez nous, dès que les premières fleurs du tilleul commencent à s'ouvrir, nous sortons le miel des ruches; nous attendons généralement ce moment, qui ne se présente d'habitude qu'un bon nombre de jours après les foins, afin de laisser au dernier miel récolté le temps de bien mûrir. On peut certainement passer un rayon à l'extracteur dès qu'il est operculé, mais le plus souvent les abeilles ne procèdent à cette opération finale du cachetage qu'au dernier moment, et il reste presque toujours au bas d'une partie des rayons des cellules non cachetées, dont le contenu ne peut être considéré comme mûr que lorsqu'il a séjourné un certain nombre de jours dans la ruche. On sait que le miel contenant une trop forte proportion d'eau ne se conserve pas.

Dans les pays où la récolte se prolonge davantage que chez nous, on peut sortir des rayons operculés sans attendre la fin de la récolte; le prélèvement du miel s'y fait donc en plusieurs fois. Nous-même, dans les bonnes années, lorsqu'une colonie a rempli deux hausses, nous pouvons quelquefois extraire la première donnée, qui se trouve en-dessus, sans attendre la fin de la miellée.

La sortie des rayons doit se faire méthodiquement et très prudemment, le pillage étant fort à craindre. En effet, comme on opère généralement à un moment où les prés sont fauchés et où les fleurs de seconde récolte ne donnent pas encore, les abeilles, privées de pâture, sont de mauvaise humeur et très enclines au pillage.

Pour cette opération, un voile n'est pas de trop; les boîtes à transporter les rayons (nous employons nos boîtes à essaims, contenant cinq cadres maintenus en place par des équerres et agrafes comme

(1) A la montagne, les fenaisons se prolongent pendant des mois et la distinction entre les diverses récoltes est plus difficile à faire, mais le miel récolté au commencement de la saison y est, comme en plaine, plus blanc que le miel d'été.

dans les ruches) doivent être munies de bons couvercles fermant facilement. Armé de son enfumoir et de sa brosse, l'opérateur sort un seul rayon à la fois, recouvre immédiatement les autres de la toile (natte ou planchettes) et brosse ou secoue les abeilles en dehors sur la planchette d'entrée; puis il place le rayon dans la boîte, qu'il referme lestement, et sort un deuxième rayon de la même façon. Les rayons sont déposés dans une pièce close, c'est à dire absolument hors de l'atteinte des abeilles. Il faut se garder de laisser, même un instant, un rayon ou seulement quelques gouttes de miel à leur portée. L'entrée de la ruche sur laquelle on opère doit être rétrécie, et il faut, nous le répétons, ne laisser une ruche ouverte que strictement le temps nécessaire pour en sortir un rayon. Si, malgré les précautions prises, les pillardes attaquaient la ruche sur laquelle on opère, ce dont on s'aperçoit très vite aux piqûres, il faudrait remettre la fin de l'opération à un autre moment, c'est à dire lorsque le calme sera rétabli. En cas de vrai pillage, il faut rétrécir toutes les entrées et répandre de l'eau en pluie sur les ruchées excitées ou attaquées. Toutefois, en procédant comme nous l'indiquons, on supprime toute cause de désordre et les accidents sont bien rares.

Avec les ruches à l'allemande, disposées en pavillon fermé, le prélèvement du miel présente infiniment moins de danger au point de vue du pillage. C'est un des avantages de ce système, qui a aussi ses côtés faibles.

On peut sans inconvénient passer à l'extracteur les rayons contenant encore du couvain operculé (si l'on tourne doucement), à condition de les rendre sans trop tarder, mais nous déconseillons aux commençants de le faire. Quant aux rayons contenant du couvain non operculé, il ne faut pas songer à en extraire le miel. La quantité de miel à laisser aux abeilles a peu d'importance ; ou bien les abeilles trouvent à faire une seconde récolte, ou bien on leur distribue du sirop. A la première récolte nous ne laissons que les vivres de deux à trois mois (1), quitte à compléter les provisions d'hiver en septembre.

Les rayons vidés ne sont rendus que le soir, soit pour être remplis de nouveau s'il y a une seconde miellée, soit pour être nettoyés et servir de supports aux abeilles. On peut les laisser dans les ruches tant qu'ils sont couverts par les abeilles, qui les protègent de la fausse-teigne. A mesure que les populations diminuent, on retire les rayons non occupés et on les met à l'abri (voir MARS, *Fausse-teigne*).

Atelier. — Le local où se fait l'extraction doit être sec, aéré et ab-

(1) Le miel qui se trouve dans les rayons de couvain suffit généralement.

solument à l'abri des atteintes des abeilles. Si, pour y parvenir, on a à franchir deux portes dont la première puisse être refermée avant que la seconde soit ouverte, on évite d'introduire les pillardes postées en dehors. Comme il reste toujours quelques abeilles sur les rayons apportés et qu'il s'en introduit chaque fois que la porte s'ouvre s'il n'y en a pas une seconde, on a imaginé diverses combinaisons pour les expulser sans trop de peine. Nous avons dans notre atelier des fenêtres à panneaux étroits tournant sur pivots verticaux et, de temps en temps, lorsqu'il y a des abeilles posées sur les vitres, nous faisons faire un demi-tour aux panneaux.

Les murs de l'atelier sont garnis de larges tablettes sous lesquelles sont vissées aux distances voulues des coulisses à tiroirs entre lesquelles nous suspendons nos cadres et partitions. Des armoires munies de tasseaux pour supporter les cadres servent à exposer ceux-ci à la vapeur de soufre.

Le plafond de la chambre est garni de crochets auxquels sont suspendus les bidons de diverses grandeurs servant à loger et à expédier le miel.

Extraction du miel. — L'extracteur, dont l'idée première est due au major De Hruschka et dont le fonctionnement est basé sur la force centrifuge, revient plus ou moins cher, selon qu'on le veut plus ou moins perfectionné, mais on est promptement indemnisé de son coût par les services qu'il rend et l'apiculteur mobiliste ne peut s'en passer. En faisant sa commande au fabricant, il faut avoir soin de lui désigner le modèle de ruche adopté ou d'indiquer la dimension des cadres. (1)

Au centre d'un bassin en bois ou en fer-blanc (le zinc, facilement attaqué par le miel, ne convient absolument pas) est fixée une cage, tournant sur un pivot vertical maintenu en haut par une traverse et mise en mouvement au moyen d'une poulie à courroie, d'un engrenage à manivelle ou d'une roue à frottement. Le bâti de cette cage, généralement quadrangulaire, est revêtu, extérieurement entre ses quatre montants, de ficelles ou de toile métallique contre lesquelles on applique en dedans verticalement les cadres à vider. Ficelles ou toiles doivent être bien tendues et soutenues au besoin par des tringles entre les montants. Le fond du bassin est légèrement incliné, de façon à ce que l'écoulement du miel se fasse vers un point où se trouve une ouverture fermée avec un bouchon ou un robinet à clapet (robinet américain). Le bassin est monté sur un pied ou support à demeure, ou

(1) En Suisse, les extracteurs livrés par les fabricants sont faits de façon à pouvoir recevoir tous les modèles de cadres connus. Ils coûtent de 36 à 80 francs, selon la matière employée (bois ou fer-blanc) et le genre de l'agencement.

6

bien on le place simplement sur quelque support mobile. Tel est l'extracteur dans sa simplicité et tel que nous l'employons. On en construit de beaucoup de modèles différents. Dans quelques-uns, chaque cadre est contenu dans une cage en toile métallique mobile. M. Cowan a inventé un extracteur automatique dans lequel, par un simple mouvement de la manivelle, on fait faire un demi-tour à ces cages, au nombre de deux, qui sont montées sur pivot; cela permet d'extraire le miel successivement des deux faces du rayon, sans sortir ni manier celui-ci. Le pivotement des cages et l'arrêt après un demi-tour sont obtenus au moyen d'une tige en crémaillère reliant trois pignons, le tout logé dans la traverse creuse qui porte les cages. L'invention est aussi simple qu'ingénieuse.

Pour extraire le miel, on désopercule préalablement les rayons, c'est à dire qu'on tranche les couvercles des cellules au moyen d'un couteau en forme de truelle. Le meilleur couteau est celui de Bingham, dont la large et longue lame est biseautée, ce qui empêche qu'elle ne pénètre dans le rayon. Il est lourd et assez cher, et dans la Suisse romande nous employons surtout le couteau Fusay, qui est aussi un excellent modèle. Les rayons sont ensuite placés dans la cage de l'extracteur, contre la toile métallique (ou les ficelles), à travers laquelle le miel est lancé contre les parois du bassin lorsque la machine est mise en mouvement. Quand un rayon est vidé d'un côté on le retourne. S'il s'agit de rayons nouvellement construits et délicats, il est prudent de ne désoperculer qu'un côté à la fois et de tourner très doucement. Il faut éviter de placer vis-à-vis les uns des autres des rayons de poids trop différents, ce qui occasionnerait de l'ébranlement à la machine. Le miel est reçu, à sa sortie de l'extracteur, dans des vases munis d'un tamis interceptant les particules de cire.

Les rayons de forme basse et allongée horizontalement, comme ceux des cadres Dadant, Langstroth, anglais, sont placés sur un de leurs petits côtés dans l'extracteur, au lieu d'être suspendus comme dans la ruche. (1) Si l'on observe la direction des cellules dans un rayon, on comprendra facilement que c'est dans la position indiquée que la force centrifuge rencontre le moins de résistance pour chasser le miel hors des cellules. Mais il ne faut pas se tromper de côté : en supposant que la direction du mouvement de rotation soit indiquée par une flèche, le porte-rayon se trouvera du côté des barbes de la flèche et la partie inférieure du rayon du côté de la pointe.

(1) Les cadres hauts sont placés dans la même position que dans la ruche; pour les mettre sur le côté, il faudrait faire les extracteurs d'un trop grand diamètre.

Pour désoperculer les cadres, il est bon de les accrocher par les bouts dans une position inclinée sur un chevalet garni en-dessous d'une feuille de fer-blanc, d'où le miel découle dans une auge. Quand le couteau est chargé de cire et de miel, on le racle sur une lame étamée engagée en travers d'un vase appelé bassin à opercules. Ce bassin, de forme analogue à une vaste cafetière à grille, dont le diamètre est égal à la hauteur, est divisé en deux parties emboîtant l'une dans l'autre. La supérieure est garnie en bas de deux tamis mobiles en toile métallique ; l'un fin, en-dessous ; l'autre plus grossier, en-dessus. Le miel coule dans la partie inférieure qu'on vide de temps en temps. Lorsque l'ustensile est plein de cire, on achève de faire couler le miel qu'il contient en le plaçant au soleil, recouvert d'un carreau de verre. L'ouverture servant à vider la partie inférieure doit pouvoir être fermée hermétiquement. (1)

Le miel est hygrométrique et se comporte mal dans un local humide ou mal aéré. Si l'on a quelque doute sur la maturité de celui qu'on extrait, il est prudent de laisser ouverts pendant quelque temps les vases qui le contiennent, en les recouvrant d'une mousseline et en favorisant l'évaporation de l'excédant d'eau ; notre atelier est pourvu de grands ventilateurs grillés. Le mieux est d'avoir un grand bassin en fort ferblanc d'un diamètre un peu inférieur à la hauteur, dans lequel on verse le miel à sa sortie de l'extracteur et où il repose quelques jours. La partie la plus dense va au fond et peut être soutirée au moyen d'un robinet à clapet placé au bas du bassin. Nous nous servons toujours de cet ustensile pour remplir les flacons ou les petits bidons dans lesquels la quantité doit être mesurée exactement ; puis cela nous dispense de l'écumage. Le bassin est rempli de nouveau avant d'être entièrement vidé. La partie la plus aqueuse revient à la surface avec les débris de cire et, à la fin, on peut la mettre à part pour en faire de l'hydromel ou la distribuer aux abeilles.

Le miel cristallisé doit être manié le moins possible et, pour nos livraisons, nous répartissons la récolte dans des bidons de différents poids qui sont livrés tels quels.

Lorsqu'on extrait du miel tard en automne et que la température s'est refroidie, il sort difficilement des rayons et l'on doit opérer dans une chambre bien chauffée, ou exposer préalablement les rayons dans une couche de jardin, lorsque le soleil luit. Les miels très épais, comme celui de bruyère, ne peuvent guère être extraits à la machine.

(1) Toutes les ouvertures servant à l'écoulement du miel doivent être très larges, le miel coulant difficilement. Ainsi, le diamètre des robinets à clapet ne doit pas être inférieur à 35 mm.

Vases pour le miel. — Le miel vendu en gros est généralement logé et livré en fûts de 50 à 200 kilog., mais nous avons renoncé à l'emploi du bois, dans lequel le miel est quelquefois sujet à fermenter, et nous ne nous servons pour toutes nos livraisons que de bidons cylindriques en bon fer-blanc, de la contenance de 2 1/2 à 25 kilog. Ils sont munis d'une anse et de couvercles à emboîtement sur le bord desquels nous collons une bande de cotonnade ou de papier. Les gros bidons ont une poignée au couvercle et sont entourés d'une tresse de paille ou de jonc des marais. Nous reconnaissons qu'en *petite* vitesse les bidons sont quelquefois maltraités, et les apiculteurs qui ont à recourir à cette voie auront peut-être moins d'ennuis avec le bois.

On peut livrer en facturant le poids brut au prix du miel, le coût du bidon se trouve à peu près couvert.

Pour les échantillons et les livraisons de 500 gr. à 10 k., il se fabrique maintenant des boîtes de fer-blanc à fermeture spéciale qui sont peu coûteuses. (1)

Il y a enfin les flacons pour la vente au détail et la montre. Les modèles sont variés ; nous donnons pour notre part la préférence à ceux à large ouverture dont le couvercle est vissé. (2)

Miel en rayon. — Le maniement du miel en sections est une opération minutieuse et délicate. On racle la propolis qui reste attachée au bois des sections et on classe celles-ci en première, seconde et troisième qualité selon leur aspect. Le mieux est de s'en défaire le plus tôt possible. Pour être conservé dans de bonnes conditions, le miel en rayon doit être maintenu dans une température douce et égale. Exposé au froid, il suinte à travers les opercules. Nous conservons le nôtre dans une armoire placée dans une pièce constamment habitée (voir pour l'emballage MAI, *Miel en sections*).

Purification de la cire. — Nous n'entreprendrons pas de donner ici les diverses méthodes employées pour purifier la cire en grand et nous nous bornerons à décrire l'emploi du purificateur à cire solaire, qui suffit à l'exploitation d'un rucher ordinaire, dispense d'emprunter la cuisine et le foyer et permet, pendant les quatre mois chauds de l'année, d'obtenir de la cire pure sans risquer de la détériorer. En fondant la cire au feu, on est exposé, pour peu qu'on ne s'y prenne pas bien, à la brûler, à lui faire perdre une partie de ses qualités et les fabricants de cire gaufrée donneront toujours la préférence aux cires fondues au soleil.

(1) *Self Opening Tin boxes*, chez J.-E. Siegwart, ing. à Altdorf (Uri, Suisse), ou en gros à la fabrique à Londres.

(2) MM. Siegwart, à Küssnacht (Schwytz) en fabriquent un nouveau modèle.

C'est un apiculteur italien du nom de Léandri qui a fait connaître le procédé à l'Exposition d'apiculture de Milan, en 1881 :

Une petite caisse recouverte d'une vitre inclinée reçoit, sur un fond légèrement en pente, la cire brute brisée en petits morceaux. La cire est mise en fusion par les rayons du soleil frappant la vitre à angle droit et, en s'écoulant lentement vers une auge disposée au bas du plan incliné, elle abandonne ses impuretés qui restent en chemin.

Voici la description et les mesures de l'un des purificateurs que nous employons :

La caisse a en surface 65 cm. sur 50. Les parois, en bois de 25 mm., ont *extérieurement:* celle de derrière, longueur 65 cm., hauteur 33 cm.; celles des côtés, longueur 50 cm., hauteur 33 cm. d'un côté et 4 cm. de l'autre; celle de devant a 65 cm. sur 4. Dessous est cloué un fond de 65 $\times$ 50 $\times$ 1 cm. La vitre, fixée dans un cadre dont les bois ont 35 mm. de large sur 25 mm. d'épaisseur et reliée à la paroi de derrière par des charnières, a une surface, cadre compris, de 67 cm. sur 58 $^1/_2$, dépassant ainsi la caisse en bas et sur les côtés de 1 cm. environ. (1)

Un double fond intérieur et mobile de 59 cm. sur 40, recouvert de fort fer-blanc (le zinc est trop sujet à se gondoler), est supporté par des tasseaux cloués à l'intérieur contre les côtés de la caisse. La feuille de fer-blanc est coupée de 61 cm. sur 42 ; trois de ses bords sont repliés en haut de 1 cm., le 4me, celui du bas, est replié en bas. La surface du fer-blanc doit se trouver en haut (contre la grande paroi) à 12 cm. au-dessus du fond fixe et en bas à 8 cm. environ, soit à 13 et 9 cm. du dessous de la caisse. La pente d'arrière en avant doit être d'environ 10 $^1/_2$ pour cent. Il reste devant, entre le fond mobile et la paroi, un espace vide d'environ 5 cm.

A 5 ou 6 mm. au-dessus du double fond incliné, se place un treillis métallique étamé destiné à recevoir la cire à purifier. Il est encadré de fer-blanc et soutenu par des tringles transversales, de façon à rester rigide, et muni aux quatre angles de supports de 5 à 6 mm. En dessus, un rebord de fer-blanc de quelques centimètres de largeur le borde en haut et sur les côtés et sert à retenir la cire. Cette grille a la largeur du fond mobile, 59 cm. environ, et dans l'autre sens 27 à 28 cm. seulement, laissant libre le tiers inférieur du plateau. Les fils du treillis doivent laisser entre eux des trous de 1 à 1 $^1/_2$ mm. environ. Notre

(1) Il va sans dire que les tranches supérieures des parois sont nivelées selon un plan incliné correspondant à celui du cadre de la vitre qui doit plaquer dessus. Si par le jeu du bois il arrive à ne plus plaquer, on cloue des lisières de drap sur les tranches.

purificateur a très bien fonctionné sans ce treillis, mais M. Jeker, qui en fait usage, nous en ayant démontré l'utilité pour retenir les impuretés et faciliter l'écoulement de la cire, nous ajoutons ce perfectionnement.

Dans l'espace restant entre le plateau et la paroi du bas, est une auge en fer-blanc, légèrement évasée, ayant 5 cm. de hauteur et, en haut, 59 cm. de long sur 7 de large; on l'engage en partie sous la gouttière du fond mobile ou plateau.

La caisse doit fermer hermétiquement, soit pour conserver la chaleur accumulée, soit pour empêcher l'entrée des abeilles, qui sont fort habiles à se faufiler par les moindres fissures. Le couvercle vitré est fixé en bas au moyen de crochets; deux baguettes, vissées dans les parois latérales de la caisse et encochées à leur extrémité, sont relevées et engagées dans deux vis plantées dans la tranche du couvercle lorsqu'on veut maintenir celui-ci levé. Les rayons du soleil doivent, autant que possible, frapper la vitre à angles droits; la caisse est placée bien de niveau et tournée en face du soleil, puis replacée de temps en temps à mesure qu'il avance dans sa course. Nous avons disposé la caisse sur une table-guéridon dont le plateau tourne sur pivot.

Si l'inclinaison du fond mobile est trop forte, les impuretés sont entraînées avec la cire jusqu'à sa chute dans l'auge ; si elle est trop faible, la cire ne descend pas, ou séjourne trop longtemps et perd de sa couleur. On corrige cela en mettant des cales sous le fond mobile.

La cire qui dégoutte dans l'auge s'y maintient liquide aussi longtemps que le soleil agit et elle achève de s'y purifier; le soir elle forme une brique compacte. Il faut avoir soin de mettre un peu d'eau au fond de l'auge.

On fabrique cet appareil de bien des manières; nous en avons vu un très perfectionné chez M. Guazzoni, ingénieur à Golasecca. La caisse est à doubles parois; la vitre est double aussi ; l'inclinaison du fond mobile, ainsi que celle de la vitre (laquelle est garnie d'un emboîtement), peuvent être modifiées au moyen de vis de rappel et le tout pivote sur un pied. Mais, simple comme nous l'avons décrit, le purificateur remplit parfaitement son office sous notre climat de Suisse.

Précautions après la récolte. — Après que le miel a été prélevé, il est bon d'égaliser un peu la force des colonies, en prenant des rayons de couvain prêt à éclore aux plus fortes pour les donner aux faibles. Cette précaution est indispensable avec les petits essaims formés par progression. Il faut également s'assurer que toutes les familles possèdent leur reine; les orphelines en reçoivent une ou sont réunies à d'autres. Le pillage est fort à craindre lorsque le miel manque au dehors et le rucher demande à être mis en règle.

Apiculture pastorale. — C'est aussitôt après l'extraction du miel de première récolte que se font les transports de ruches à la montagne ou dans les autres régions fournissant aux abeilles une seconde miellée. Le voyage doit se faire de nuit, vu la température (voir Mars, *Transport des ruchées*).

JUILLET ET AOUT

Faire construire des rayons. — Surveillance des colonies. — Conservation des rayons. — Nourrissement stimulant d'été. — Achat de colonies nues sauvées de l'étouffage. — Sphinx tête-de-mort. — Poux des abeilles.

Faire construire des rayons. — Dans les contrées où il existe une miellée d'été, il est bon d'en profiter pour faire produire quelque cire aux abeilles. La provision de bâtisses n'est jamais trop forte dans un rucher bien tenu et le miel de seconde récolte ayant généralement moins de valeur sur le marché, il est naturel d'en consacrer une partie à la production de rayons, qui trouveront leur emploi au printemps suivant. Pour déterminer plus facilement les abeilles à bâtir, on remplace une partie des rayons par des cadres garnis de feuilles.

Lorsqu'il n'y a pas de seconde récolte, on peut également obtenir de beaux rayons en administrant du sirop épais, à fortes doses (voir Avril, *Sirop*), la température élevée favorisant, comme nous l'avons dit, la production de la cire. Au prix où est le sucre dans beaucoup de pays, les rayons obtenus de cette façon reviennent à bon marché. Une ou plusieurs fortes colonies peuvent être consacrées à cette besogne; à mesure que les rayons sont achevés, on les retire pour les remplacer par des cadres garnis de cire gaufrée. Il se fabrique de grands nourrisseurs de divers modèles, contenant cinq à dix litres et qui sont préférables dans ce cas aux bouteilles que nous avons recommandées, parce qu'ils se posent sur la ruche, tandis que les bouteilles occupent de l'espace dedans. Une bonne ruchée absorbe facilement quatre à cinq litres de sirop en une nuit et même davantage.

Surveillance des colonies. — Lorsque la sécheresse se prolonge, les abeilles ne trouvent plus rien au dehors et s'en vont furetant chez les voisines et dans les maisons. Tenons-les abritées du soleil, pourvues d'eau dans les abreuvoirs et assurons-nous qu'elles ont assez de provisions pour atteindre le mois de septembre, ainsi que du couvain. Les ruchées faibles ou orphelines se laissent dévaliser et sont facilement envahies par la fausse-teigne, surtout si elles ont trop de rayons à protéger.

Conservation des rayons. — A mesure que la saison avance, les populations diminuent; il est préférable de retirer de temps en temps les rayons vides non occupés par les abeilles et de les mettre en réserve à l'abri de l'humidité et des fausses-teignes (voir MARS, *Fausse-teigne*). C'est surtout aux colonies faibles qu'il faut enlever les rayons non occupés. Avant d'enfermer les rayons et de les exposer à la vapeur de soufre, nous raclons les parties extérieures des cadres, qui sont souvent enduites de propolis ou de cire, et mettons à part chacune des deux matières.

Nourrissement stimulant d'été. — Si par l'effet de la sécheresse et de l'absence de miellée, la ponte se trouvait considérablement réduite à la fin de l'été, il faudrait la stimuler pendant une quinzaine de jours environ, vers la fin d'août ou le commencement de septembre, en pratiquant un nourrissement à petites doses, analogue à celui du printemps. Les colonies doivent contenir à l'entrée de l'hiver une forte proportion de jeunes abeilles nées en septembre et octobre; c'est une condition indispensable pour un bon hivernage et un bon développement de la population au printemps.

Achat de colonies nues sauvées de l'étouffage. — C'est à la fin de l'été que les étouffeurs d'abeilles se livrent à leurs opérations. En leur offrant à l'avance d'acheter les populations condamnées, on peut souvent se procurer des colonies à très bas prix. On extrait les abeilles par le tapotement (voir MARS, *Tapotement*) ou par l'asphyxie momentanée (1) et on les installe comme des essaims dans des ruches à cadres garnies de bâtisses ou de cire gaufrée, puis on leur administre (toujours le soir) de bon sirop à fortes doses. Quatre cadres de 12 dcm. c. environ suffisent généralement à l'hivernage d'une colonie issue d'une ruche vulgaire.

Sphinx tête-de-mort. — Ces papillons de nuit font leur apparition à la fin d'août ou au commencement de septembre. Si les entrées sont

(1) Voici un des moyens de procéder: Sous la ruche habitée, débarrassée de son plateau, on place, renversée, une ruche vide de même diamètre, garnie d'un papier lisse auquel les abeilles ne puissent s'accrocher. On complète la fermeture au moyen d'un linge lié autour de la ligne de contact des deux ruches. Puis, avec un enfumoir chargé de chiffons nitrés on envoie de la fumée par l'entrée de la ruche renversée ou par un trou pratiqué à une certaine hauteur; la fumée ne doit pas atteindre les abeilles qui tombent au fond. Au bout de quelques minutes les abeilles se laissent choir les unes après les autres. Elles sont versées sur un carton, puis, lorsqu'elles reviennent à elles, dans leur nouvelle demeure.

Il faut environ 5 grammes de nitre pur (azotate de potasse ou salpêtre) pour asphyxier momentanément une ruche. On fait dissoudre le sel dans un peu d'eau chaude et l'on fait absorber la solution par des chiffons qui sont ensuite séchés.

assez hautes pour leur livrer passage, ils s'introduisent dans les ruches et s'y gorgent de miel, mais ils ne peuvent passer par un trou-de-vol réduit à 8 ou 9 mm. de hauteur.

Poux des abeilles. — Dans quelques contrées, en automne, on observe quelquefois sur les ouvrières et principalement sur les reines de petits parasites de forme arrondie et de couleur brunâtre auxquels les entomologistes ont donné le nom de *Braula cœca.* Il peut s'en trouver jusqu'à 50 et 80 sur le corps d'une reine, mais ils ne paraissent pas avoir aucune mauvaise influence. Nous avons vu de jeunes reines qui en étaient couvertes à l'automne se montrer très bonnes pondeuses au printemps suivant. Une bouffée de fumée de tabac fait lâcher prise à ces hôtes incommodes, mais la précaution n'est pas nécessaire.

SEPTEMBRE

Provisions d'hiver. — Sucre en plaque. — Pollen. — Revue avant de nourrir. — — Soins spéciaux aux ruchettes.

Provisions d'hiver. — Dans nos régions, il ne faut pas attendre plus tard que le mois de septembre pour faire la revue générale des ruches et compléter les provisions d'hiver. Si l'on renvoie au mois d'octobre, on peut être surpris par le froid ou le mauvais temps et le sirop administré risque de ne pas être operculé par les abeilles faute de chaleur. Puis, le nourrissement à fortes doses provoque quelquefois, malgré les précautions prises, une recrudescence de ponte qui aurait des inconvénients si elle se produisait aux approches des froids. Enfin, les provisions données seront mieux réparties dans les divers rayons et mieux à la portée des abeilles pour leur hivernage si celles-ci ont le temps de les disposer à leur convenance tout autour de la place qu'elles choisissent pour y former leur nid en forme de sphère. Elles ne se tiennent pas volontiers sur du miel operculé; elles se groupent près de l'entrée et placent le miel au-dessus, sur les côtés et en arrière du groupe; puis, à mesure que les cellules à miel avoisinantes sont vidées, la famille se déplace en masse et insensiblement vers le haut ou en arrière selon la forme des rayons ou de l'habitation. (1)

(1) Dans les ruches dites jumelles, chacune des deux colonies établit son groupe contre la paroi mitoyenne qui la sépare de sa voisine, parce que c'est là qu'elle a le plus chaud, et chaque groupe affecte la forme d'une demi-sphère. Dans ces ruches, les provisions sont donc réparties autrement que dans une habitation isolée dont la population forme une sphère complète avec vivres de chaque côté et en arrière. Les abeilles logées en ruches jumelles consomment moins, ayant moins de chaleur à produire, puisque la surface de refroidissement autour du groupe est proportionnellement moindre.

Pour évaluer ce qu'une ruche possède de miel, on peut se baser sur cette donnée que 3 dcm. c. de rayon en contiennent, les deux faces comprises, environ 1 k.; un rayon de 12 dcm. c. entièrement plein représentera donc 4 k.

Le sirop destiné aux provisions d'hiver doit être aussi dense que possible (voir Avril, *Sirop*); on empêche sa cristallisation en y mélangeant 15 à 20 °/₀ de miel. Si l'on a quelque motif de redouter les atteintes de la loque, tant à cause d'un mauvais voisinage que pour tout autre motif, on fera bien d'ajouter pour chaque litre de sirop 5 grammes de la solution Hilbert n° 1 (voir Avril, *Loque*).

Lorsqu'on nourrit, il y a toujours un certain déchet sur la quantité donnée ; ainsi, pour faire 10 k. de provisions operculées on compte 11 à 12 k. Il faut, autant que possible, faire absorber en une ou deux nuits le complément à donner; cela empêche généralement la recrudescence de ponte, toutes les cellules disponibles de la ruche se trouvant momentanément occupées.

Avant de faire la distribution, l'apiculteur aura préalablement retiré les rayons non occupés par les abeilles. Une colonie logée en rayons de 12 dcm. c. a besoin pour son hivernage de 4 à 7 rayons, selon sa force. Une famille qui n'occupe que 4 rayons est certainement faible, mais si la reine est bonne et la population jeune, on peut l'hiverner avec succès, à la condition que la ruche soit bien conditionnée et la nourriture de bonne qualité. Certains miels d'été et d'automne provenant de sucs de fruits ou de miellées de pucerons passent pour être moins sains que les miels de printemps ou le bon sirop. (1)

Les rayons retirés, qui contiennent toujours plus ou moins de miel, sont placés derrière une partition pour être vidés et nettoyés par les abeilles. Distribués à d'autres ruches que celles dont ils proviennent, ils sont plus promptement vidés. Ceux dans lesquels il ne se trouve que du miel operculé peuvent être mis en réserve pour le printemps, à condition d'être placés dans un local chaud; exposé au froid, le miel en rayon suinte au travers des opercules.

La quantité de miel trouvée dans les ruches en septembre peut varier beaucoup d'une ruche à l'autre et l'on peut fréquemment compléter ce qui manque dans l'une avec ce que l'autre contient en trop.

De combien de vivres une colonie doit-elle être pourvue pour la période de l'hivernage, qui dure environ six mois ? Les abeilles existant en automne ne vivront pas assez longtemps pour participer à la prin-

(1) Aux Etats-Unis, où l'hivernage présente de grandes difficultés, on extrait ces mauvais miels pour les remplacer par des miels de printemps ou du sirop.

cipale récolte l'année suivante et ce sont celles nées dans le cours du printemps qui formeront l'armée des butineuses. Or, pour l'élevage de ces nouvelles générations, il faut beaucoup de miel et de pollen et la consommation d'une ruchée normale s'élèvera, de la mi-octobre à fin avril, à une quinzaine de kilog. Faible jusqu'en janvier, elle augmentera progressivement en février et mars par l'élevage du couvain, pour atteindre en avril et mai le taux de 3 à 500 grammes par jour. L'apiculteur qui veut obtenir le développement normal de ses colonies au printemps doit, lors de la mise en hivernage vers la mi-octobre, s'assurer qu'elles contiennent à peu près la quantité indiquée. Si quelque famille peu nombreuse ne peut occuper tous les rayons nécessaires pour contenir ces 15 k., il a la ressource de retirer le rayon non occupé, à la condition de le rendre au printemps lorsque la température et l'augmentation de la population permettront de le faire (voir Mars, *Provisions*). Comme nous l'avons dit précédemment, il ne convient pas d'ouvrir les ruches ni de donner de la nourriture liquide trop tôt au printemps; les abeilles doivent donc être en mesure de se suffire à elles-mêmes jusqu'en avril et leur maître doit s'arranger pour être dispensé de les inspecter avant cette époque. Essentiellement prévoyantes, elles proportionnent l'élevage du couvain aux réserves qu'elles possèdent et le meilleur stimulant de la ponte est un grenier bien garni. Dans le cours d'avril, il sera facile de renouveler les provisions des colonies trouvées à court de vivres.

Le *sucre en plaque* est la ressource des gens qui s'y prennent trop tard pour nourrir au sirop (voir Janvier et Février, *Sucre en plaque*). On le met à plat sur les porte-rayons et afin d'obtenir une condensation des vapeurs émises par le groupe, qui amollisse le sucre et permette aux abeilles de le lécher, on recouvre avec la toile peinte, en veillant à ce qu'elle plaque bien sur les bords de la ruche. (1) On peut aussi mouler le sucre dans des boîtes de forme aplatie et d'une surface égale à celle que représentent quatre ou cinq cadres et leurs espaces, puis renverser ces boîtes sur les cadres et calfeutrer par-dessus.

Pollen. — La ponte recommence dans les ruches en hiver avant que les abeilles puissent sortir, et le pollen étant un des éléments de la nourriture des larves, il faut veiller à ce qu'au moins l'un des rayons laissés dans la ruche à l'automne en contienne une certaine quantité.

(1) Les toiles sont d'habitude bordées de lattes, dont deux, parallèles aux rayons, sont fixes, tandis que les deux transversales sont mobiles. En plaçant la toile, lattes en dessous, on obtient entre elle et les porte-rayons un espace suffisant pour loger les plaques de sucre.

Revue avant de nourrir. — Il va sans dire qu'avant de compléter les provisions on fait une revue complète de la colonie; les vivres existants sont évalués, les rayons défectueux ou contenant des cellules à mâles sont retirés (voir AVRIL, *Déplacement des rayons de couvain*) et on s'assure de la présence de la reine. Une colonie trouvée orpheline doit être réunie à sa voisine la plus faible, à moins qu'on n'ait une reine de réserve à lui donner (voir MARS, *Réunions et Remplacements des reines*).

Soins spéciaux aux ruchettes. — Une population qui n'occuperait pas 4 rayons en septembre devrait être réunie à une autre, à moins qu'il ne s'agisse de ruchettes contenant des reines de choix ou de réserve. Dans ce cas, le mieux serait, à l'approche des froids vers la fin d'octobre, de rentrer ces ruchettes dans un local absolument obscur, sec et aéré, et de les y laisser dans la plus complète tranquillité jusqu'à la fin de mars. Les caisses seraient soulevées au-dessus de leurs plateaux au moyen de cales, afin que l'air circule plus librement, ou bien on aérerait par le haut en écartant partiellement la toile ou les planchettes qui recouvrent les cadres. La mise en chambre des abeilles devrait être faite le lendemain d'un beau jour pendant lequel elles auraient pu sortir et se vider, et au printemps les colonies devraient être reportées à la place qu'elles occupaient à l'automne. L'expérience a démontré que pour l'hivernage des abeilles en local clos, la température du local doit se rapprocher autant que possible de 6 à 8° C.; c'est par cette température que les abeilles sont le plus calmes et consomment le moins. Dans les contrées à hivers très rigoureux, comme les Etats-Unis du Nord et le Canada, la majorité des apiculteurs ont recours à ce mode d'hivernage pour toutes leurs colonies et construisent dans ce but des bâtiments spéciaux, généralement en sous-sol avec ventilateurs.

Il est cependant possible d'hiverner en plein air de petites populations dont le groupe ne s'étend que sur 3 rayons, à la condition de les loger dans des ruchettes accollées de façon à se tenir chaud les unes les autres. Nous avons conservé ainsi jusqu'au printemps des nucléus logés dans des ruches Dadant divisées en trois compartiments et revêtues de paillassons cloués sur les parois.

OCTOBRE

Mise en hivernage.

Mise en hivernage. — C'est dans le courant de ce mois que les ruchées sont mises en quartier d'hiver. L'opération doit être faite avant l'arrivée des froids et autant que possible par une bonne journée pendant laquelle les abeilles puissent sortir.

Il a déjà été procédé à la revue des provisions le mois précédent et l'habitation a été réduite au nombre de rayons occupés par les abeilles. Il reste à garantir la colonie du froid et à veiller à ce que le renouvellement de l'air dans la ruche puisse se faire convenablement.

Dans nos modèles, le dessus des cadres est recouvert d'un coussin ou châssis matelassé fait de lattes de 6 à 7 cm. de largeur et tendu sur les deux faces de toile grossière ; l'intérieur est rempli de balle d'avoine. On peut employer aussi de vieux tapis, des paillassons ou toute autre matière retenant la chaleur et laissant passer les vapeurs.

Lorsque la couverture habituelle des cadres consiste en toile peinte ou autre matière imperméable, on la supprime en hiver pour la remettre lors de la première visite au printemps ; mais si elle est de toile de chanvre non peinte, il est inutile de l'enlever. Bien des apiculteurs ne prennent aucune précaution pour faciliter le dégagement des vapeurs par le haut de la ruche et ne s'en trouvent pas plus mal, disent-ils ; mais nous croyons plus prudent de ne rien laisser qui puisse intercepter ces vapeurs entre les cadres et le coussin (à moins qu'on n'ait administré du sucre en plaque ou sans eau) et c'est, entre autres, à l'observation de cette règle que nous devons, croyons-nous, de n'avoir pas, depuis dix ans, perdu une seule colonie en hiver dans les ruchers que nous dirigeons.

Il est nécessaire de conserver aux abeilles un passage au-dessus des cadres, c'est à dire dans une partie chaude de la ruche, afin qu'elles puissent au besoin passer d'un rayon à l'autre. (1) Ce passage existe lorsqu'on emploie le coussin tendu sur châssis qui, dans nos modèles, repose sur les bords de la ruche à 7 mm. au-dessus des cadres. Autrement, on pose de distance en distance, en travers des cadres, quelques baguettes de 8 à 10 mm. d'épaisseur qui forment entre elles autant de couloirs sous les paillassons ou tapis. On peut aussi percer quelques trous dans le tiers supérieur des rayons, comme le font les Anglais et les Américains, mais cela a l'inconvénient de les endommager.

L'espace entre les partitions et les parois de la ruche recevra de secondes partitions, ou bien on le garnira de feuilles sèches.

Ces précautions contre le froid ne devront pas être prises pour les ruches ou ruchettes hivernées dans la maison.

(1) Cela est tout à fait indispensable dans les ruches à bâtisses chaudes (cadres parallèles aux parois de devant et de derrière), si les rayons sont plus longs que hauts.

Les chapiteaux des ruches en plein air devront être percés de deux ventilateurs grillés.

Dans les ruches à bâtisses chaudes, il est bon de remplacer au dernier moment les deux rayons les plus près de l'entrée, qui sont plus ou moins vides de miel, par d'autres pris en arrière et bien garnis de provisions.

Les ruches en pavillon ont d'habitude des planchettes pour couverture des cadres ; ces planchettes, qui se trouvent à 7 mm. environ au-dessus des cadres, sont laissées en hiver et les paillassons ou coussins se mettent par-dessus et recouvrent en partie la fenêtre-partition.

Certaines gens prétendent que les précautions contre le froid sont inutiles. Les abeilles, disent-ils, peuvent traverser l'hiver dans des ruches non doublées et même mal closes en haut. Nous le savons fort bien et la plupart des apiculteurs ont eu l'occasion d'en faire l'expérience ; mais la consommation est beaucoup plus forte dans ces ruches, ce qui est une dépense et un danger, puis l'élevage du couvain risque de s'y faire mal, d'être entravé par de brusques variations de température; enfin, les abeilles, épuisées par le labeur excessif que nécessite l'entretien de la chaleur, n'ont plus à la fin de l'hiver la force nécessaire pour élever le couvain et disparaissent en grand nombre aux premières sorties.

Les entrées des ruches doivent avoir au maximum 8 à 9 mm. de hauteur, autrement les souris pourraient s'introduire. On peut aussi fixer devant des bandes de zinc dentelées laissant passage aux abeilles, mais il faut les placer dès les premiers jours d'octobre, car les souris des champs et des bois sont très pressées de s'assurer un bon gîte pour l'hiver.

Quant à la longueur de l'ouverture, nous estimons qu'elle ne doit pas être inférieure à 7 ou 8 cm., et même à 10 ou 12, si l'on fait usage de bandes dentelées. L'air doit pouvoir se renouveler dans la ruche et c'est surtout par l'entrée que l'échange se fait. Nous croyons que beaucoup d'insuccès dans l'hivernage sont dus à une insuffisance de ventilation. Nos modèles sont munis au bas de la paroi de derrière d'un trou servant au nourrissement et imparfaitement fermé au moyen d'un clapet. Il s'établit entre cette ouverture et l'entrée un très léger courant facilitant la sortie de l'air vicié, qui est plus lourd et tend à s'accumuler dans le bas de la ruche. Dans les ruches en pavillon, le courant s'établit entre l'entrée et la fenêtre-partition munie également d'une entaille pour le nourrissement. Les ruches légèrement soulevées au-dessus de leur plateau hivernent bien, à ce qu'a observé M. de

Layens. En Angleterre et aux Etats-Unis, les apiculteurs tendent à adopter pour l'hiver un châssis ou hausse de quelques centimètres de hauteur qu'ils intercalent entre la ruche et son plateau, pour élever le groupe des abeilles au-dessus de l'air vicié accumulé en bas.

Les ruches doivent être légèrement surélevées par derrière avec leur plateau, afin que les eaux de condensation aient un écoulement par l'entrée; cette précaution ne peut être prise avec les ruches en pavillon.

Pour éviter les sorties intempestives des abeilles par les journées claires mais froides, on obscurcit l'entrée en posant, à l'automne, sur la planchette, à quelques centimètres de l'ouverture, une tuile ou une ardoise inclinée contre la paroi. Dans certains modèles, la planchette d'entrée est à charnières et se relève en hiver, ce qui dispense de la tuile (voir JANVIER et FÉVRIER, *Précautions extérieures*).

Ces diverses précautions prises, il ne reste plus à l'apiculteur qu'à laisser ses abeilles dans le repos le plus absolu jusqu'au printemps; c'est à dire que ses soins se borneront à faire une petite tournée de temps à autre pour voir si tout est en ordre et si les entrées ne sont pas obstruées par la neige (1), la glace ou des cadavres d'abeilles. On retire délicatement ces derniers au moyen d'un fil de fer recourbé en crochet.

En somme, l'hivernage dans notre pays, même dans les hautes vallées où le thermomètre descend à — 20° et 25° C., ne présente aucune difficulté, et si l'on observe les instructions qui précèdent, on peut être certain du succès. Ceux qui éprouvent des échecs ne peuvent s'en prendre qu'à eux-mêmes. Les pertes que nous voyons se renouveler chaque année sont dues avant tout à une insuffisance de nourriture, puis souvent à une insuffisance d'aération, à une absence de précautions contre le froid ou à des visites intempestives pendant les froids.

Dans les contrées à hivers très humides, comme en Angleterre, ou très froids, comme aux Etats-Unis, au Canada ou en Russie, l'hivernage est moins sûr et demande une application très rigoureuse des précautions que nous avons énumérées. Dans ces trois derniers pays, beaucoup d'apiculteurs transportent leurs abeilles dans des constructions spéciales ou les hivernent en silos.

Le prompt et complet développement d'une colonie au printemps dépend dans une grande mesure de la façon dont elle a hiverné, car ce n'est pas avec des abeilles fatiguées qu'on peut espérer un bon élevage de couvain.

(1) Une ruchée peut même rester ensevelie sous la neige pendant bien des jours et peut-être des semaines sans en souffrir.

NOVEMBRE ET DÉCEMBRE

Revue du matériel. — Sorties des abeilles.

Revue du matériel. — L'apiculteur n'a rien à faire au rucher en hiver, si ce n'est, comme nous l'avons dit, de s'assurer de temps en temps que tout y est tranquille et en ordre et que les trous-de-vol ne sont pas obstrués, mais à l'atelier il a un matériel à nettoyer, à réparer ou à compléter en vue de la prochaine campagne.

En faisant la revue des rayons, il enlève les restes de cellules royales qui peuvent s'y trouver encore, racle les cadres et les suspend par catégories sous les tablettes disposées à cet effet. Les cadres des hausses peuvent être remis dans celles-ci, qu'il empile les uns sur les autres. S'il a peu de loisirs dans la bonne saison, il peut garnir à l'avance de cire gaufrée des cadres et sections.

On fait bien de se pourvoir d'une ou deux ruches de rechange, pour y transvaser, en bonne saison, le contenu de celles qui demandent à être réparées ou nettoyées, ainsi que de quelques plateaux surnuméraires, qui facilitent les travaux de nettoyage lors de la première inspection du printemps.

Sorties des abeilles. — En hiver, lorsque le soleil réchauffe l'atmosphère et que la température remonte au-dessus de 6° C. à l'ombre, les abeilles font de petites sorties de propreté. On peut à ce moment-là visiter rapidement une ruche, si l'on a un motif très sérieux de le faire, mais il faut, d'une façon générale, s'interdire de déranger les abeilles lorsqu'il ne fait pas au moins 10 à 12° C. de chaleur à l'ombre et le mieux est de n'y jamais toucher en hiver.

CONCLUSION

Les instructions que nous avons données, mois par mois, pour la conduite des ruches à cadres mobiles, s'adressant aux commençants surtout, nous n'avons point tenu à indiquer toutes les opérations pratiquées par les apiculteurs expérimentés en vue de hâter le développement des colonies ; nous avons au contraire cherché à mettre le débutant en garde contre les dangers que certaines d'entre elles présentent lorsqu'elles sont tentées par des mains novices. Nous voulons, avant tout, prévenir les déboires et les découragements ; or il est malheureusement trop fréquent, dans notre métier spécialement, de voir des apprentis se croire maîtres et courir au-devant des insuccès.

On a pu voir aussi que nous exigeons, pour la conduite des abeilles, une certaine dose de soin, de vigilance et d'observation. Nous ne nous soucions pas de faire de mauvaises recrues et ne sommes point fâché de contribuer pour notre part à déraciner cette opinion trop généralement répandue que les abeilles n'exigent pas de surveillance et qu'avec elles on peut récolter sans avoir semé. Un rucher, à moins qu'il ne prenne l'importance qu'on donne à une spécialité, ne demande certes pas beaucoup de temps, mais il lui faut quelques soins indispensables, donnés à propos par quelqu'un qui trouve du plaisir à la chose.

Le succès en apiculture dépend du développement que les ruchées ont atteint au moment où la miellée se présente. Pour obtenir un développement complet et opportun, il faut : de bonnes reines, de jeunes abeilles à l'automne, un bon hivernage qui prépare de bonnes nourrices pour le printemps, d'abondantes provisions au moment de l'élevage du couvain et enfin des ruches chaudes, susceptibles d'être graduellement et considérablement agrandies. Un rucher ne peut être en plein rapport que lorsque son propriétaire possède une ample provision de rayons, et pour hâter l'arrivée de ce moment il doit faire usage de feuilles gaufrées et du mello-extracteur.

Dans un chapitre spécial nous donnons la description de quelques modèles de ruches, adaptés à des convenances, des goûts et des besoins différents. Nous ne prétendons nullement que ce soient les seuls bons ni qu'ils ne soient perfectibles, mais parmi les très nombreux systèmes que nous avons mis à l'épreuve, ce sont les types qui nous ont donné les meilleurs résultats et nous paraissent réunir, chacun dans son genre, les meilleures conditions tant au point de vue des abeilles qu'à celui de l'apiculteur. Comme ce sont des inventions d'autrui et que nous n'avons d'intérêt personnel dans la vente d'aucune ruche ni d'aucun instrument, notre recommandation est au moins désintéressée. Quand on fera mieux, nous espérons être des premiers à l'annoncer, mais, en attendant, nous déplorons que de soi-disant inventeurs, qui ne visent en réalité qu'à attacher leur nom à une ruche, mettent en circulation des modèles, des cadres surtout, qui n'ont que l'inconvénient de différer des bons types déjà en usage, sans en avoir seulement tous les mérites.

Nous désirons aussi mettre le lecteur en garde contre les dires de certains auteurs, affectant de professer qu'on peut faire de bonne apiculture avec n'importe quel outillage. C'est une bien fâcheuse notion à inculquer à un débutant et le devoir de ceux qui veulent propager la culture des abeilles est, au contraire, de mettre entre les mains des novices les modèles les plus conformes aux principes généralement admis et les plus propres à leur épargner les fausses manœuvres et les insuccès.

Pour notre usage, nous préférons les ruches à plancher et plafond mobiles, mais nous reconnaissons que les modèles adaptés au système des pavillons présentent des avantages dans les climats très froids ou entre les mains d'apiculteurs ne disposant que d'un emplacement restreint pour loger leurs ruches. Seules les ruches grandes et bien doublées nous ont donné de bons résultats dans nos divers ruchers. Quant à la forme des cadres, nous n'avons pas encore pu trouver qu'elle eût de l'importance pour la production du miel à extraire. Lorsque c'est surtout du miel en sections qu'on veut obtenir, la forme basse et large paraît préférable à celle dont la grande dimension est en hauteur.

En résumé, nos méthodes et l'outillage dont nous conseillons l'emploi ne nous sont point propres. Après avoir étudié consciencieusement, nous osons le dire, les procédés de culture des différentes contrées et avoir fait l'essai d'un nombre considérable de systèmes, nous offrons simplement le fruit de nos études et de notre expérience, en recommandant ce qui nous a le mieux réussi.

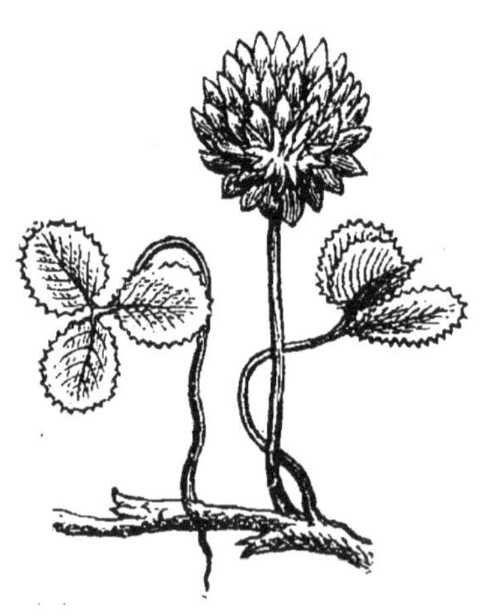

SECONDE PARTIE

ABEILLES, RAYONS, CELLULES

Des différentes races d'abeilles comparées entre elles. — Reine, mâle, ouvrière. — Rayons et cellules diverses.

Les abeilles communes, qu'on désigne aussi sous le nom d'abeilles noires, brunes ou allemandes, se trouvent dans le centre et le nord de l'Europe et ont été importées en Amérique, où elles existent maintenant à l'état sauvage dans les forêts. Cette race, qu'on peut considérer d'une façon générale comme possédant toutes les qualités désirables, offre cependant, selon les pays, quelques différences dans le caractère et l'activité (1), ce qui peut en partie expliquer les opinions contradictoires qui ont cours sur sa valeur, comparée à celle de l'abeille jaune ou italienne, que les uns rejettent et les autres préfèrent. Les producteurs de miel à livrer en rayons sont cependant unanimes pour admettre que les sections construites par les abeilles communes sont les plus belles et les plus régulières.

La race jaune est répandue au sud des Alpes, dans la Suisse méridionale, l'Italie, quelques îles de la Méditerranée, la Grèce, l'Asie Mineure, la Syrie, l'Egypte et la Libye (2), et se subdivise en plusieurs sous-races assez différentes entre elles de caractère et présentant aussi quelques variations dans la taille et la nuance du jaune. L'abeille égyptienne, d'un tempérament détestable, n'a pas donné de bons résultats hors de son pays d'origine; celles de Palestine, de Syrie et de Chypre, ces dernières surtout, très prolifiques, très rustiques et très actives, offrent de grandes inégalités de caractère selon les familles et sont fort diversement appréciées dans le monde des apiculteurs. Leur croisement avec d'autres races nous paraît devoir donner d'excellents résultats, mais c'est une question qui demande à être encore étudiée.

(1) Ainsi que dans la taille et la nuance du poil.

(2) Où elle a été trouvée récemment par un naturaliste au service de M. W. Barbey.

La variété dite italienne fait l'objet d'un grand commerce et se trouve aujourd'hui répandue dans toutes les contrées de la terre où l'on fait de l'apiculture mobiliste, y compris l'Australie et la Nouvelle-Zélande. Il est difficile de la conserver pure hors de son pays d'origine, mais son croisement avec l'abeille commune, surtout au premier sang et si l'on opère par sélection, donne les meilleures abeilles connues, sinon au point de vue du caractère du moins à celui du rendement et de la rusticité.

Pure, elle est généralement d'un caractère doux, se défend mieux que l'abeille commune contre les pillardes et la fausse-teigne et se tient plus solidement sur les rayons lorsque ceux-ci sont sortis de la ruche. Les reines sont très prolifiques, mais cette fécondité est quelquefois intempestive selon la flore du pays où la race est cultivée. Cette abeille est peut-être un peu moins rustique que la commune, ou plus imprudente dans ses sorties par les temps froids, et convient mieux en plaine qu'en montagne.

Les reines importées de Suisse et d'Italie valent rarement celles qu'on élève soi-même sur place dans de bonnes conditions. Elles doivent être surtout considérées comme des reproductrices servant à l'élevage de nouvelles reines.

L'abeille italienne se distingue facilement de la commune par son poil roux et les bandes jaunâtres de son abdomen; cette différence de couleur a rendu de très grands services dans l'étude de l'histoire naturelle des abeilles.

Les ouvrières provenant du croisement de deux races varient beaucoup de couleur dans la même famille; tandis que les unes sont presque semblables à la race du père ou à celle de la mère, d'autres offrent un mélange des deux couleurs. Les mâles, au contraire, qui n'ont pas de père (parthénogénèse) sont naturellement toujours, quoi qu'on en dise, de la race de la mère.

Il existe en Carniole une très belle race qui fait aussi l'objet d'un assez grand commerce. La Carniolienne est légèrement plus grosse que la commune, son poil est plus grisâtre et les anneaux de son abdomen sont plus apparents. Elle est très douce, très prolifique et très rustique, venant d'un pays montagneux, mais elle passe pour se défendre moins bien contre les pillardes que les autres races. Son croisement avec la commune et l'Italienne donne de bons résultats.

Les Allemands ont une variété de la race commune qu'ils appellent abeille des bruyères. Mentionnons encore, pour mémoire, une race du Caucase.

L'Algérie possède une abeille sensiblement plus noire que la commune, mais dont les ailes ne sont cependant pas teintées de noir comme dans l'espèce de Madagascar *(Apis unicolor)*. L'essai que nous en avons fait dans le Jura n'a pas été satisfaisant.

Il est inutile de parler ici des autres espèces d'abeilles plus ou moins domestiquées que l'on rencontre dans les autres continents.

Voici maintenant des figures représentant les trois sortes d'abeilles, c'est à dire la reine, les mâles et les ouvrières, que nous avons décrits page 12 :

Fig. 1. - Reine.

Fig. 2. - Mâle.

Fig. 3. - Ouvrière.

Les deux figures suivantes représentent des portions de rayons de grandeur naturelle (page 101). Dans la fig. 4 (voir page 13), A est une

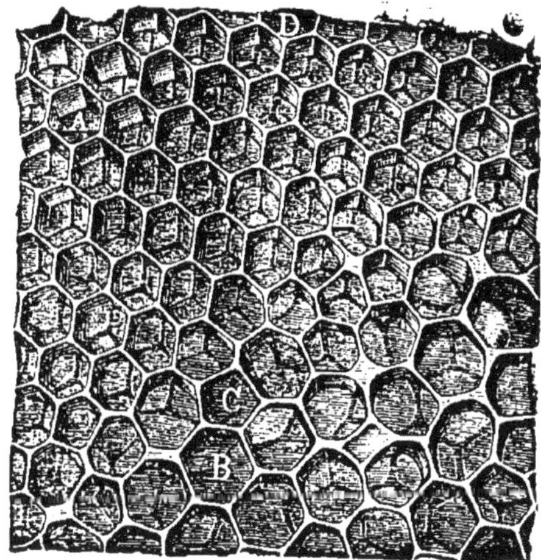

Fig. 4. - Rayon.

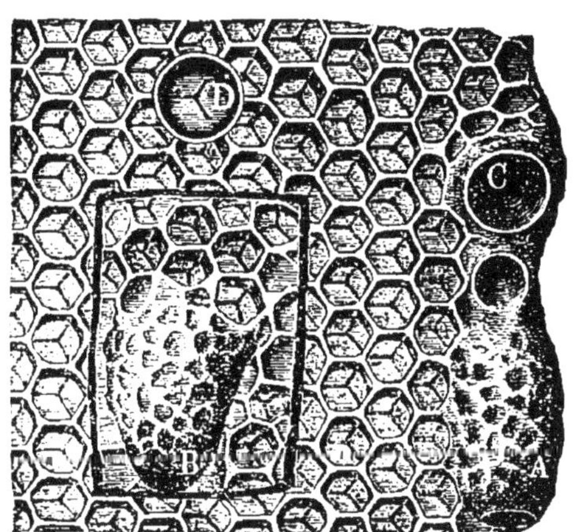

Fig. 5. - Rayon avec cellules royales.

petite cellule, ou cellule à ouvrière, servant aussi à l'emmagasinement du miel et du pollen. En B, on voit une cellule à mâle, servant aussi pour le miel. C est une cellule de raccord entre les petites et les grandes cellules; les abeilles n'y mettent que du miel. D est une cellule d'attachement.

Dans la fig. 5 (voir page 101), A est une cellule royale dont la jeune reine est sortie récemment; B, une cellule royale operculée contenant encore la jeune reine; le trait qui l'entoure indique une manière de découper la cellule pour l'employer ailleurs. C et D sont des cellules royales commencées.

La fig. 6 représente un rayon contenant du couvain atteint de loque

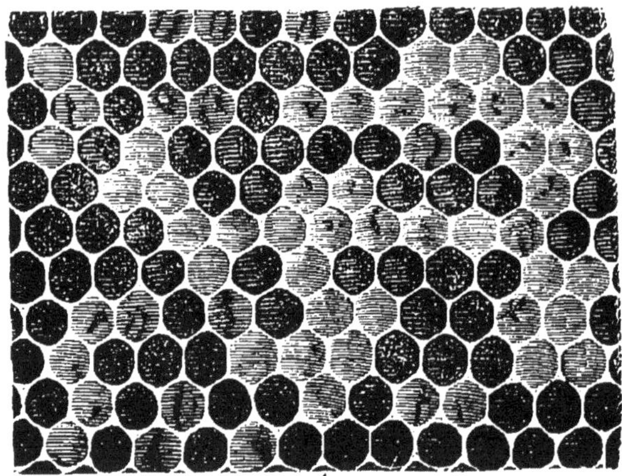

Fig. 6. - Rayon loqueux.

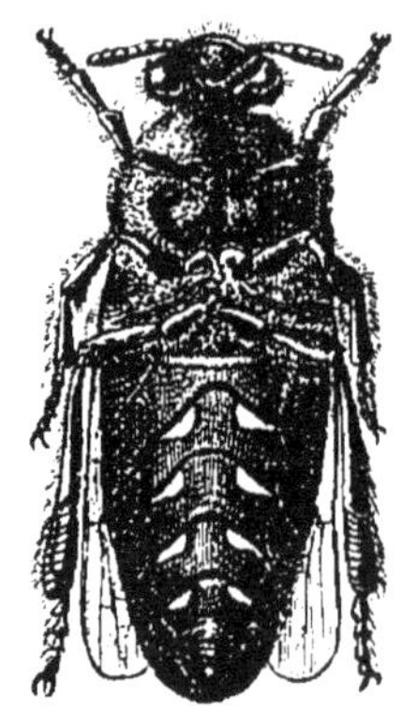

Fig. 7. - Abeille sécrétant la cire.

(voir page 58) et la fig. 7 une abeille ouvrière montrant sur son abdomen les lamelles de cire dont il est question page 17.

OUTILLAGE

Instruments divers pour la visite des ruches. — Cire gaufrée et machines. — Miel en sections. — Extraction du miel. — Purification de la cire.

Le racloir, fig. 8, sert à nettoyer les plateaux et le dessus des cadres;

Fig. 8. - Racloir.

la brosse, fig. 9, à brosser les abeilles et à divers autres usages (page 20).

Fig. 9. - Brosse.

L'enfumoir, fig. 10, a été décrit page 18; le chevalet, fig. 11, qui n'est point indispensable, est cependant commode pour examiner à

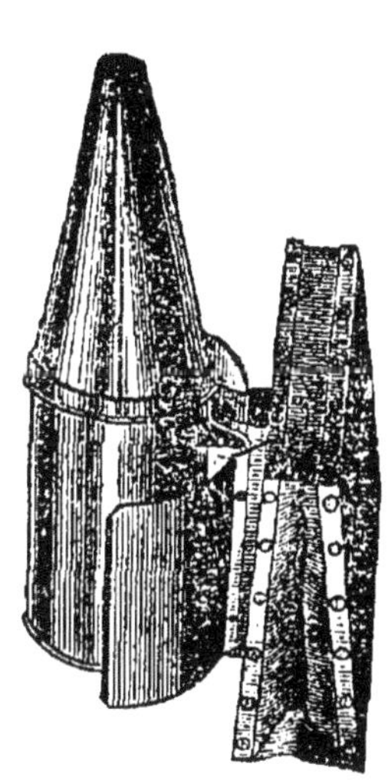

Fig. 10. - Enfumoir.

Fig. 11. - Chevalet.

loisir un rayon, découper les alvéoles de reines et transporter les petits outils.

Fig. 12. - Voile.

Le voile, fig. 12, décrit page 19, est une protection dont beaucoup d'apiculteurs ne font pas usage; nous ne l'employons guère que pour le prélèvement du miel après la récolte. C'est un accoutrement fort incommode au point de vue de la chaleur. Il peut être remplacé par un masque d'escrime auquel on coud tout autour une bande de toile pour garantir la tête et le cou, mais ce n'est guère moins chaud. On fait maintenant de ces masques avec une visière mobile qui rappelle les casques des anciens chevaliers; cela permet de respirer de l'air frais entre deux opérations sans se découvrir.

La cage à reine, fig. 13, a été décrite page 26. La fig. 14 représente une boîte de transport imaginée par M. Benton pour expédier une reine et quelques ouvrières à de grandes distances. Les trois compartiments communiquent entre eux; celui de droite contient la nourriture consistant en un mélange de sucre et de miel (voir *Revue Internationale* 1885, p. 103).

La fig. 15 représente l'entonnoir coudé dont il est question page 43

Fig. 13. - Cage à reine Dadant.

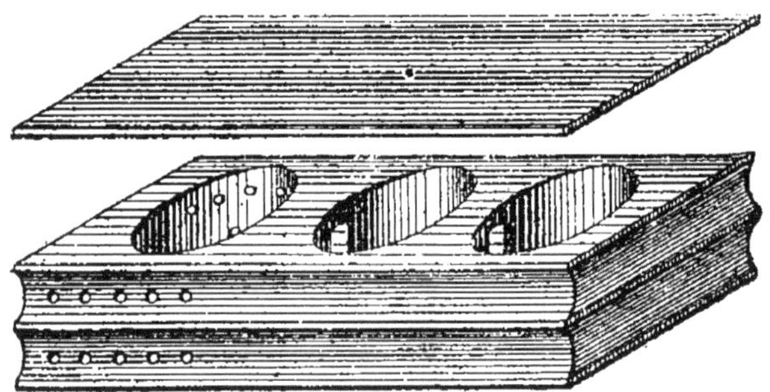

Fig. 14. - Boîte à reine Benton.

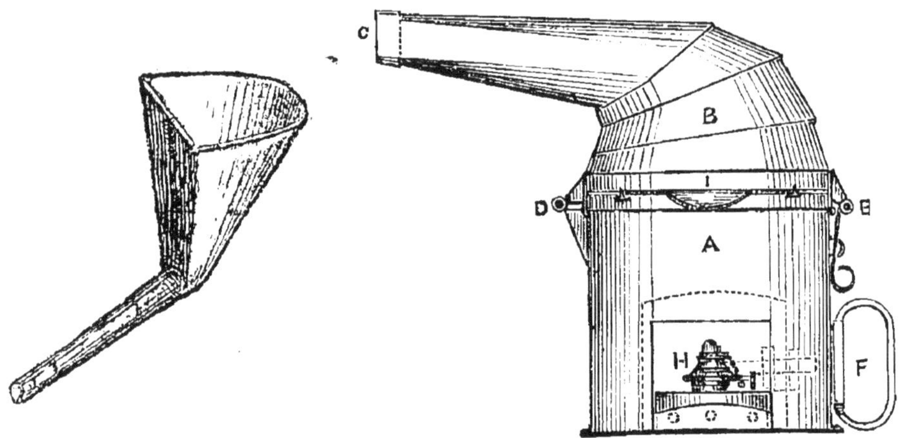

Fig. 15. - Entonnoir. *Fig. 16. - Fumigateur à acide.*

pour donner la nourriture stimulante ou de l'eau sans ouvrir la ruche, et la fig. 16 est l'instrument employé pour les fumigations à l'acide salicylique (page 59).

La fig. 17 représente un morceau de cire gaufrée (page 17) fixé dans une section et la fig. 18 représente le couteau Carlin pour couper cette cire. On l'humecte d'amidon ou de miel pour que la cire ne s'y attache pas; mais une simple lame de greffoir remplit aussi très bien l'office.

Les fig. 19, 20 et 21 sont trois machines américaines à cylindres

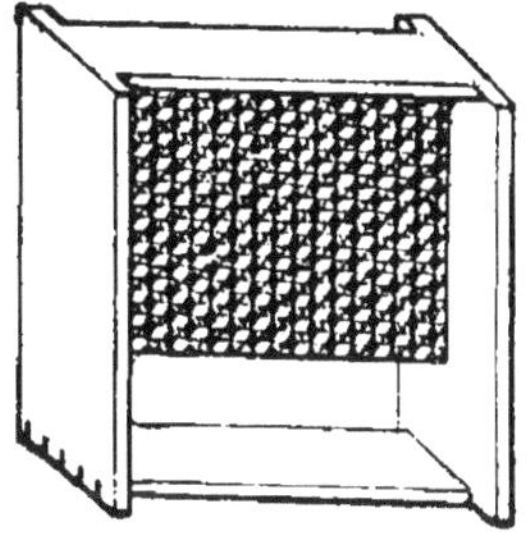

Fig. 17.
Section avec cire gaufrée.

Fig. 18. - Couteau Carlin.

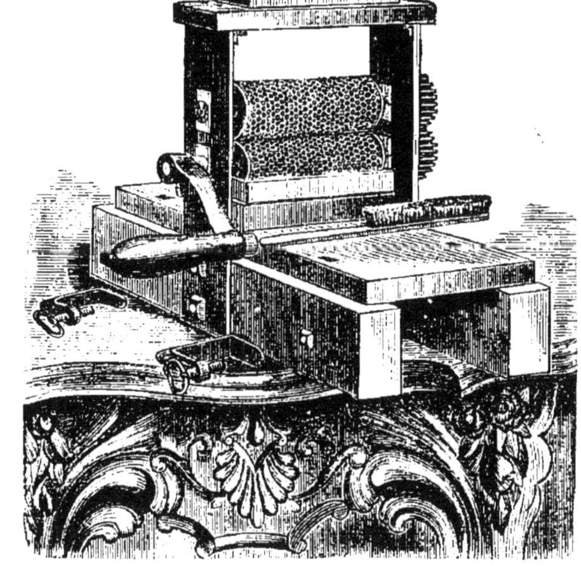

Fig. 19. - Machine Root petit modèle.

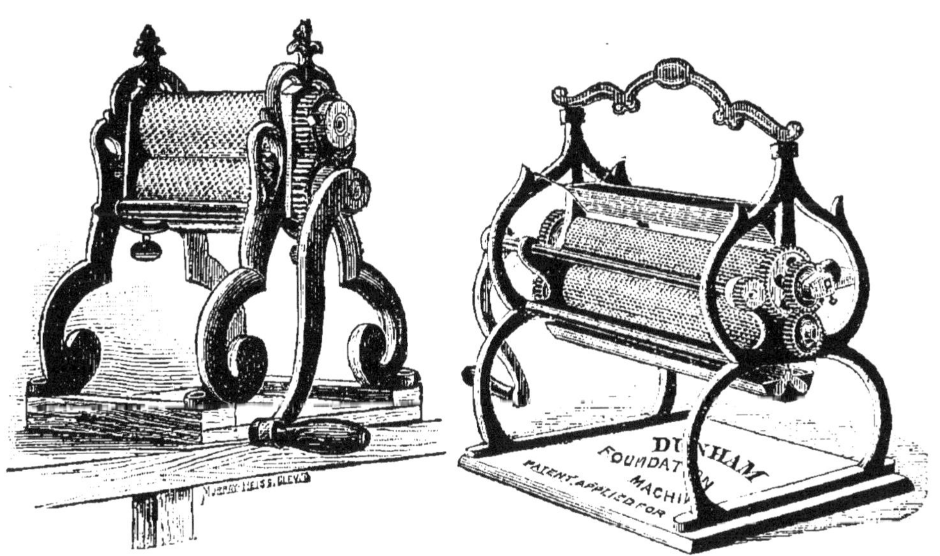

Fig. 20. - Machine Vandervort.

Fig. 21. - Machine Dunham.

pour fabriquer la cire. La machine Root est le petit modèle de ce fabricant, qui en construit de diverses grandeurs. La machine Vandervort est la meilleure pour obtenir des feuilles très minces pour miel en sections. Il se fait maintenant en Angleterre de très bonnes machines à cylindres (Arthur Godman).

La fig. 22 représente un fer à gaufrer (page 48) avec lequel l'api-

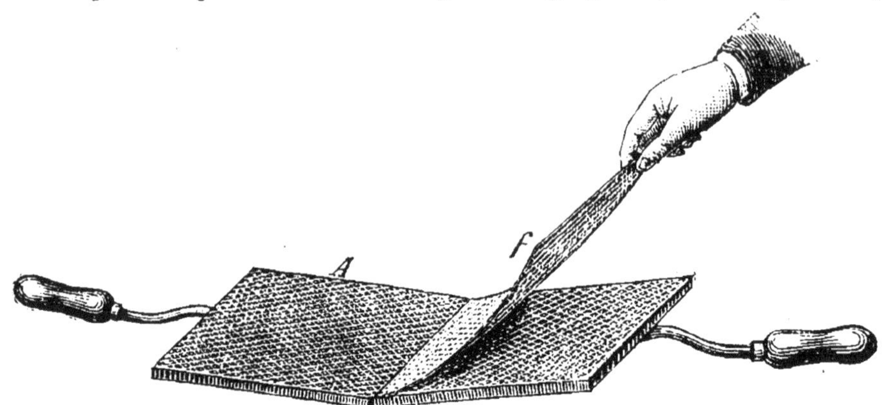

Fig 22. - Gaufrier Guazzoni.

culteur peut fabriquer lui-même des feuilles que les abeilles utilisent.

La fig. 23 est un cadre Dadant tendu de cinq fils destinés à soutenir la cire gaufrée (page 49) et la fig. 24 la planchette servant à la pose.

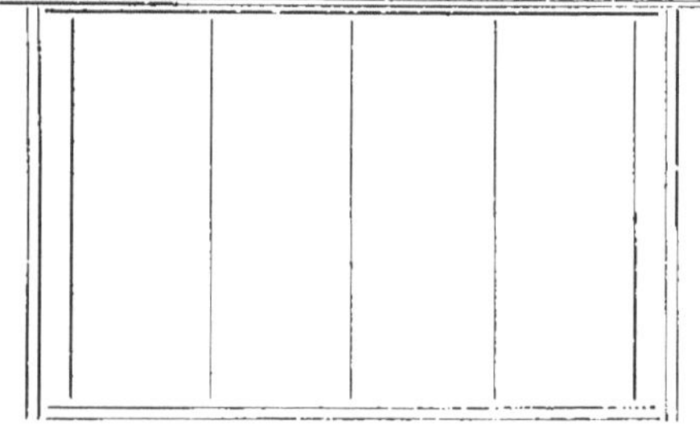

Fig. 23. - Cadre tendu de fils.

Fig. 24. - Planchette pour fixer les feuilles gaufrées.

Récolte et extraction du miel. — Voici d'abord, fig. 25, la caisse à essaims, servant aussi au transport des rayons (voir page 20); elle peut contenir cinq cadres et est munie d'équerres, d'agrafes et d'un trou-de-vol comme les ruches. Puis, fig. 26 et 27, deux modèles de cou-

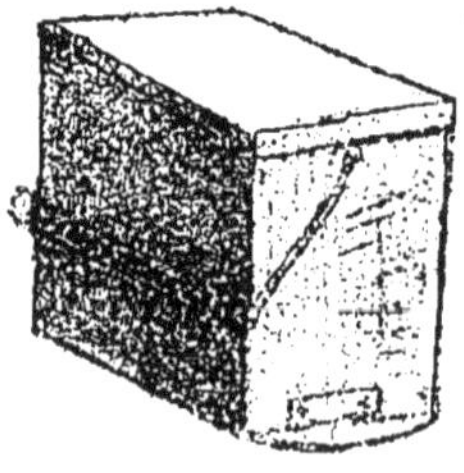

Fig. 25. Caisse à essaims servant au transport des rayons.

Fig. 26. - Couteau Bingham.

Fig. 27. - Couteau Fusay.

teaux à désoperculer; la lame du couteau Bingham est biseautée en-dessous.

La fig. 28 (voir page 81) représente notre extracteur pour toutes grandeurs de cadres, fabriqué sur commande aux Etats-Unis et imité en Suisse. Il est entièrement en fer et fer-blanc.

Fig, 28. - Extracteur américain.

Le modèle, fig. 29, également tout en métal, est de fabrication suisse et nous le préférons à cause des pieds, qui donnent plus d'assiette au bassin s'ils sont suffisamment écartés et dispensent de soulever l'extracteur pour le vider. On fait aussi de ces instruments tout en bois; ils sont lourds mais peu coûteux.

Voici les mesures d'un extracteur pour cadres Dadant et Layens. *Cage:* deux cadres de hausse Dadant, placés sur le côté, occupent en largeur 32 cm.; un cadre Layens, placé comme dans la ruche, avec ses supports reposant sur les montants de la cage, occupe 33 cm. et avec jeu 33 $^{1}/_{2}$. En supposant ces montants de 5 × 5 cm. d'épaisseur, la cage doit former un carré de 43 $^{1}/_{2}$ cm., mesure extérieure. Sa hauteur est de 52 cm. *Bassin:* si l'on rabat l'angle extérieur des montants de 2 cm., on aura pour la diagonale de la cage 57 cm. environ et, en donnant au bassin 60 cm. de diamètre, il restera entre chaque angle et le bassin 1 $^{1}/_{2}$ cm. environ pour le treillis métallique et le jeu. Le *treillis*, en fort fil de fer étamé, doit avoir environ 16 fils au décimètre. Il sera fortement tendu et soutenu au milieu entre les montants par des tringles de fer verticales comme dans la figure 29. Si les rayons qui relient en haut et en bas les montants de la cage à l'axe sont en fer et à vis (avec la partie centrale carrée pour donner prise à la clef), on peut par quelques tours de clef tendre le treillis très fortement. Cet arrangement dispense des tringles de soutien et des traverses qui relient les montants entre eux; il suffit de quelques rayons en fil de fer, en bas, pour supporter les cadres lorsqu'ils sont placés sur le côté. *Bassin:* la cage est portée au fond du bassin par un pied de 15 à 25 cm. de haut recevant l'axe de la cage. En lui supposant 20 cm., le bassin aura 72 cm. de haut à l'intérieur. Le fond de celui-ci doit être légèrement incliné vers l'issue, qui aura au moins 3 $^{1}/_{2}$ cm. de diamètre et se ferme au moyen d'un bouchon ou d'un clapet. Le bassin est muni d'un couvercle en deux parties.

On proportionne la cage aux dimensions des rayons adoptés, mais plus elle est étroite, moins la force centrifuge a d'action ; nous ne conseillerions pas de la faire de moins de 36 cm. de largeur, ce qui suppose un bassin de 50 cm.

Lorsque les rayons sont placés sur le côté (voir page 82), le miel sort un peu plus facilement, mais il n'est point indispensable qu'ils aient cette position.

Le tamis en toile métallique fine, par lequel on fait passer le miel à sa sortie de l'extracteur, a environ 50 fils au décimètre.

Fig. 29. - Extracteur modèle suisse.

Fig. 29. - Cage.

Fig. 30. - Purificateur à miel.

Le purificateur à miel (fig. 30) a été décrit page 83. Il doit être muni au bas d'un clapet, ou robinet américain, ayant au moins 35 mm. de diamètre intérieur. Ce clapet facilite beaucoup le remplissage des bidons et flacons devant contenir exactement un poids donné.

Les fig. 31 et 32 sont les flacons à miel dont il est parlé page 84.

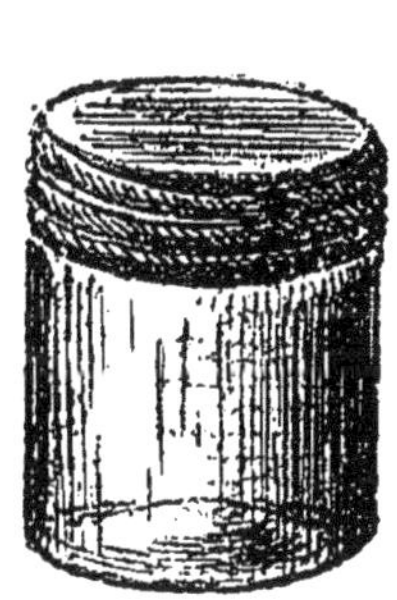

Fig 31. - Flacon pour 1/2 k.

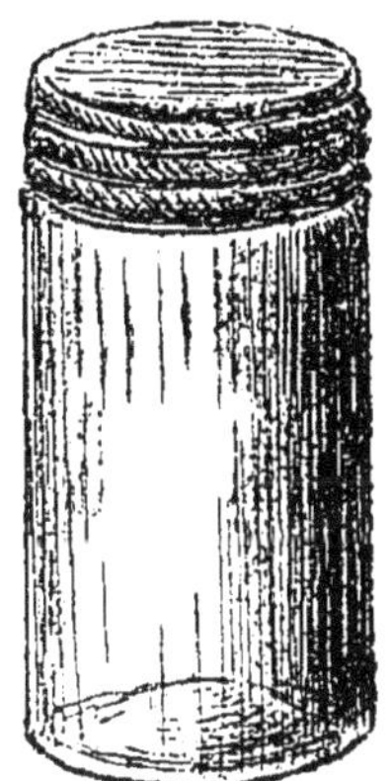

Fig. 32. - Flacon pour 1 k.

Le purificateur à cire solaire (fig. 33) a été décrit tout au long, page 84; au pied de l'appareil on voit l'auge qui en a été sortie et la brique de cire qu'elle contenait.

Fig. 33. - Purificateur à cire solaire.

Miel en sections (voir page 63). La fig. 34 représente une section d'une seule pièce. Pour l'assembler on la plie doucement aux cannelures *c*, *d*, *e*, et les extrémités *A* et *B*, à mortaises et tenons, sont engagées l'une dans l'autre. La fig. 35 est une section assemblée et la fig. 36 représente la machine Parker (page 66), qui est l'un des divers outils employés pour fixer la cire dans les sections.

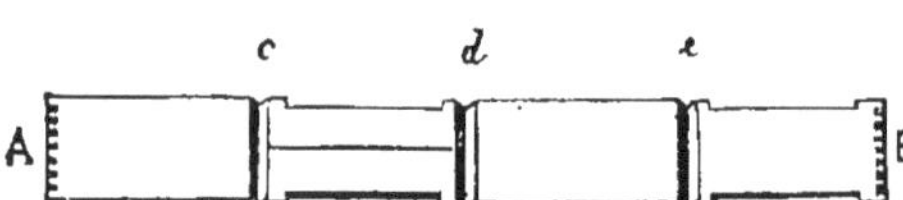

Fig. 34. - Section d'une seule pièce.

Fig. 35. - Section assemblée. *Fig. 36. - Machine Parker.*

Les sections (page 66) sont placées soit dans des cadres munis de séparateurs (fig. 37), soit dans des casiers ou châssis à claire-voie. La figure 38 représente un de ces châssis: *B B* sont les séparateurs; les sections des extrémités *C C* sont vitrées du côté extérieur. La fig. 39 est le nouveau casier Neighbour, qui peut être renversé pour hâter l'achèvement des sections (voir *Revue Internationale* 1887, page 153), et la fig. 39 bis un casier ordinaire à côtés pleins.

Fig. 37. - Cadre à sections.

Fig. 38. - Châssis à sections.

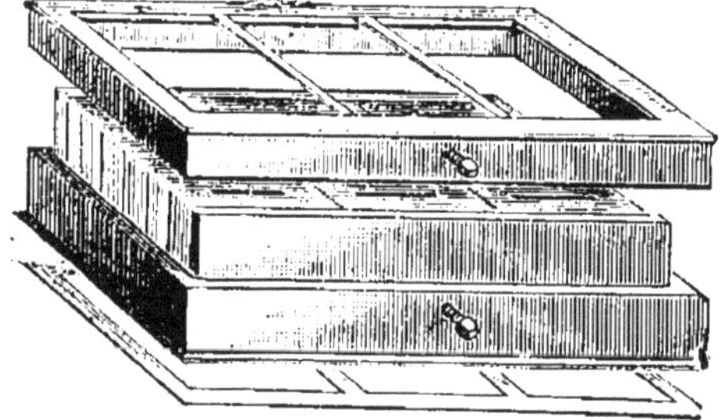

Fig. 39. - Nouveau casier Neighbour.

Nous donnons enfin le dessin (fig. 40) de la nouvelle section Lee brevetée, décrite page 68, et du casier destiné à contenir ces sections dans la ruche (fig. 41). Les séparateurs sont percés d'ouvertures verticales correspondant aux passages latéraux des sections entre elles.

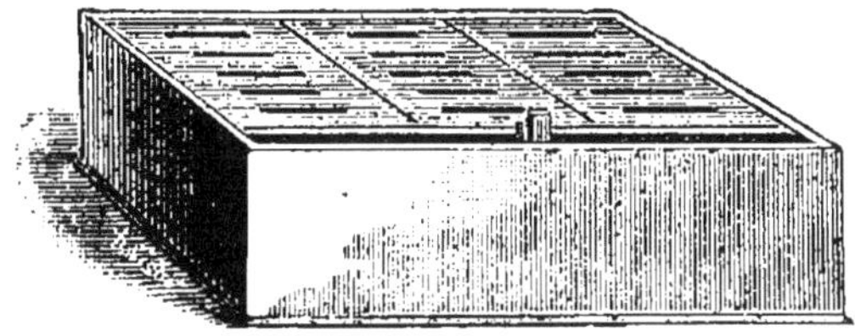

Fig. 39 bis - Casier à côtés pleins.

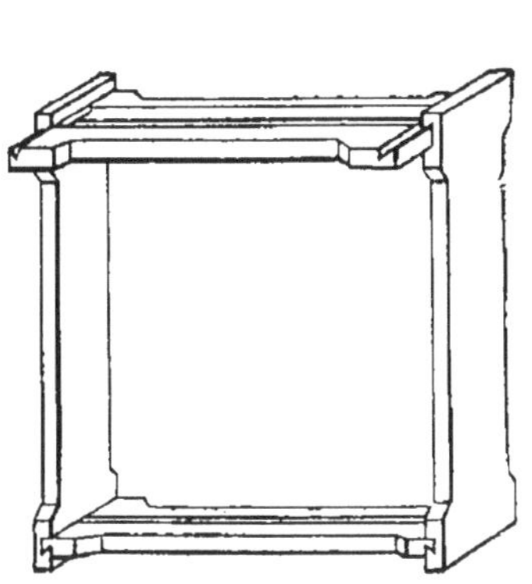

Fig. 40. - Section Lee composée de 6 pièces.

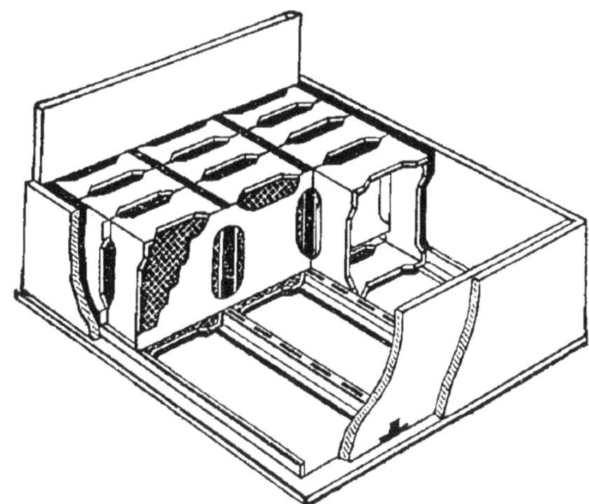

Fig. 41. - Casier à sections Lee.

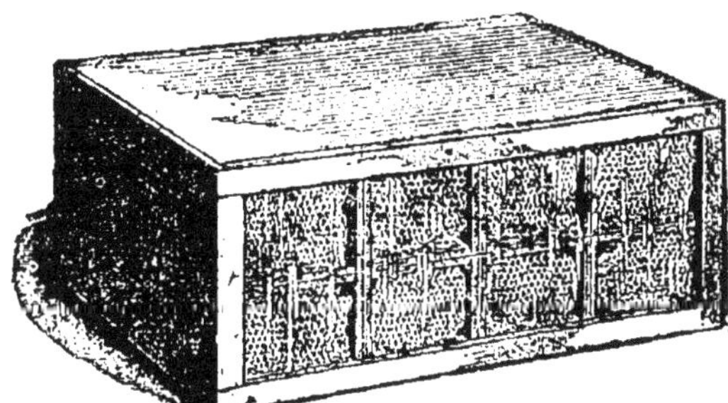

Fig. 42. - Caisse pour sections achevées.

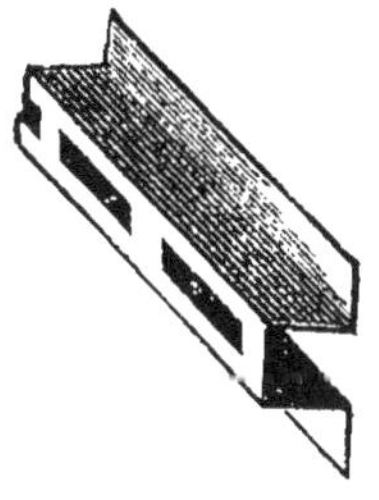

Fig. 41 bis.

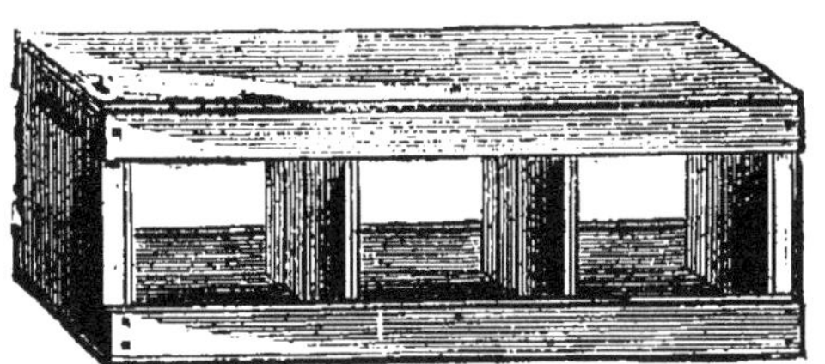

Fig. 43. - Caisse pour la vente et l'expédition.

Les fig. 42 et 43 sont des caisses vitrées; l'une sert à enfermer les sections achevées à l'abri de la poussière, etc., l'autre à les emballer pour la vente et l'expédition (voir page 67).

Diagrammes de cadres. — Les six figures suivantes représentent quelques bons cadres à couvain connus, que nous avons réunis en un tableau pour en faciliter la comparaison. L'échelle est de 1 pour 10 environ; les chiffres désignent des millimètres. L'épaisseur des cadres, soit la largeur des lattes, est indiquée par E, la hauteur par H et la longueur ou largeur par L.

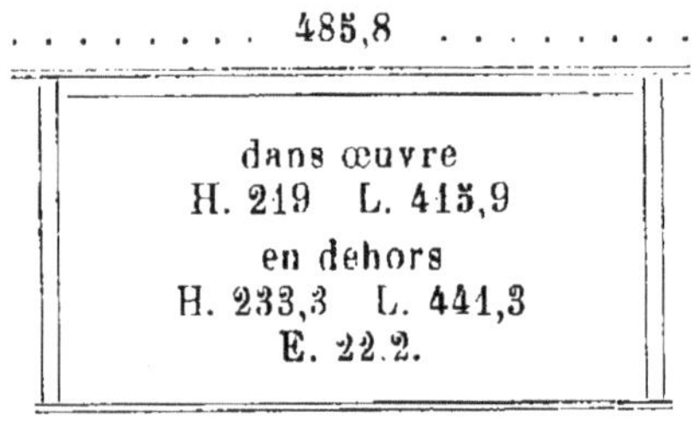

Fig. 44. - Langstroth (Etats-Unis).

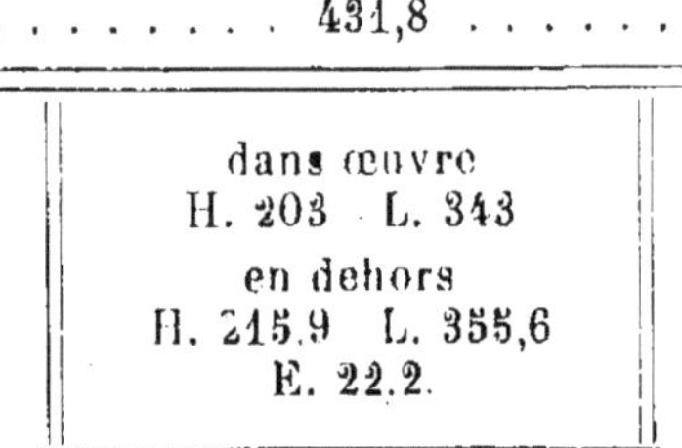

Fig. 45. - Type anglais.

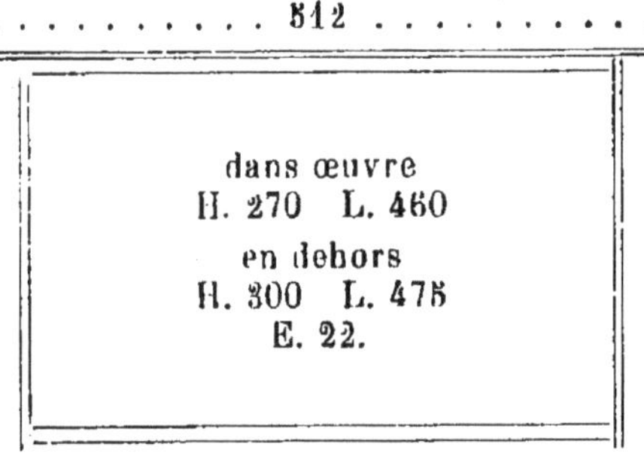

Fig. 46. - Quinby-Dadant.

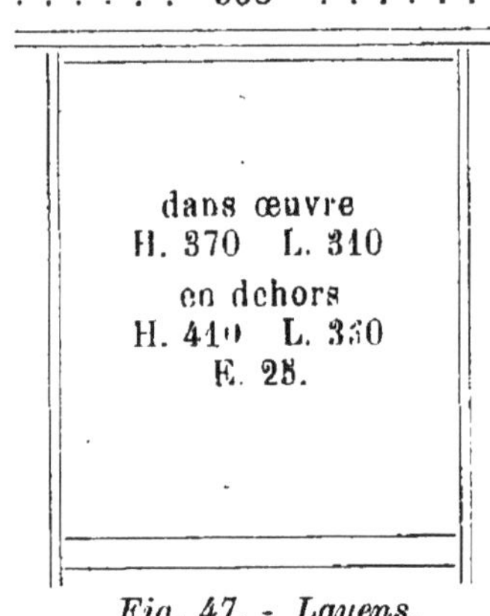

Fig. 47. - Layens.

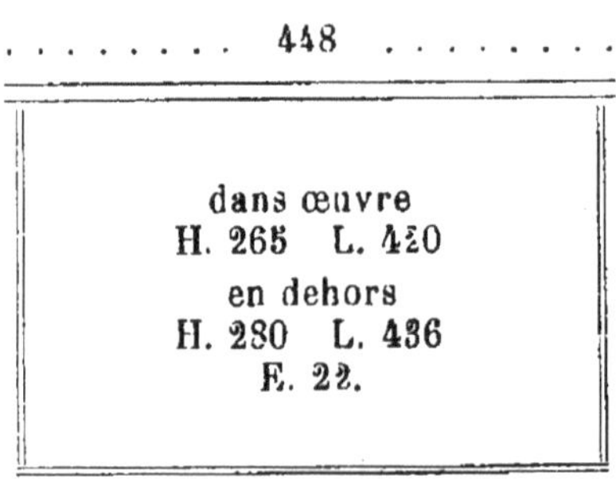

Fig. 48. - Blatt.

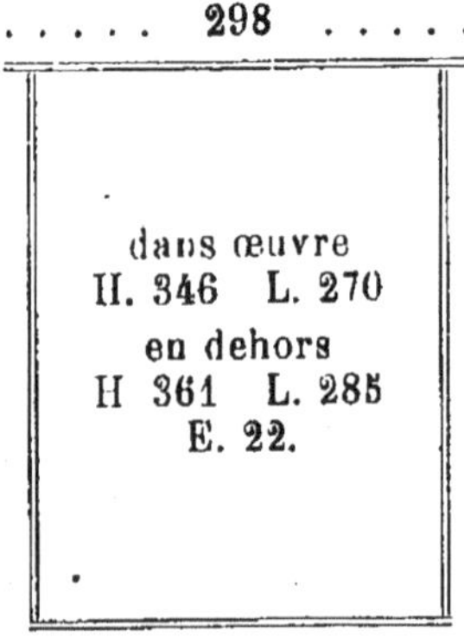

Fig. 49. - Burki-Jeker.

RUCHES ET RUCHERS

Caractères des divers types de ruches. — Installation des ruches en plein air. Ruche Dadant. — Ruche Layens. — Ruche Burki-Jeker et pavillons.

Caractères des divers types de ruches. — Nous donnons ci-après la description de trois types de ruches assez différents. La Dadant et la Layens ont le dessus et le dessous mobiles (plafond et plateau) et se placent généralement isolées en plein air. Les Burki-Jeker, dont un seul côté est mobile, celui opposé à l'entrée (paroi de derrière), sont adaptées au système des pavillons; elles sont assemblées côte à côte par rangs superposés. La Dadant et la Layens diffèrent entre elles par la forme du cadre et la position du magasin à miel; dans la première les rayons destinés à recevoir le miel à prélever se placent dans des caisses supplémentaires ou hausses, qu'on empile sur le corps de ruche; c'est le système vertical. Dans la seconde, ces rayons ont leur place réservée dans le corps de ruche, qui est plus allongé, et se mettent à côté des rayons occupés par la colonie; l'agrandissement se fait dans le sens horizontal. Dans la Burki, l'espace affecté au magasin est réservé au-dessus des rayons du nid à couvain (voir INTRODUCTION, *Ruches* et AVRIL, *Magasins*).

Les abeilles prospèrent également bien dans ces trois genres d'habitations et le choix dépend du but que se propose le débutant, de la place dont il dispose et du climat sous lequel il habite.

Le type Dadant convient surtout à l'industriel, au gros producteur; le type Layens, qui est plus simple, à l'amateur et au cultivateur, pour qui les abeilles sont une occupation accessoire. Dans la Layens les opérations se font un peu plus facilement, sauf le prélèvement du miel si l'on veut le faire complet, le couvain s'y trouvant disséminé sur un plus grand nombre de rayons. Le type Burki sera choisi par celui qui dispose de peu de place pour installer ses ruches, ou tient à les avoir sous clef; toutefois l'assemblage de ruches en pavillon ne convient pas dans les contrées chaudes comme le Midi.

Avec les habitations à plafond mobile, système vertical, l'agrandissement est indéfini; quelle que soit l'abondance des apports des abeilles dans une année très favorable, l'apiculteur pourra leur fournir beaucoup plus facilement l'espace complémentaire nécessaire qu'avec les autres systèmes. Dans la ruche à l'allemande (Burki), passé une certaine limite (la dimension de la caisse), l'agrandissement n'est pas prévu, bien qu'il ne soit pas tout à fait impossible d'ajouter par derrière des caisses supplémentaires.

Dans les pavillons, l'apiculteur peut travailler par tous les temps, il est moins exposé aux piqûres et il a tout sous la main sans avoir de matériel à transporter; mais la visite des ruches y est plus longue et certaines opérations nécessitant des déplacements de ruches n'y sont pas possibles (voir plus loin Ruche Burki).

Aux Etats-Unis et en Angleterre, pays de grande production, le type vertical à plafond mobile est seul en usage; *time is money*, l'apiculteur tient à faire la besogne dans le moins de temps possible, puis il veut être sûr de pouvoir s'approprier tout le miel qu'une saison particulièrement propice met de temps en temps à sa disposition.

On a fait d'innombrables tentatives pour rendre le maniement des ruches assemblées plus commode et plus pratique, et chaque année voit éclore une nouvelle conception.

Plusieurs apiculteurs en Suisse ont construit des bâtiments fermés dans lesquels des ruches Dadant à 13 cadres, accouplées deux à deux contre les parois, communiquent avec l'extérieur par des ouvertures. Des espaces sont réservés entre chaque paire de caisses pour les visites. Au centre, il y a une place suffisante pour serrer le matériel, faire toutes les opérations et même remiser en hiver d'autres ruches passant la bonne saison en plein air. Ces bâtiments dispensent d'un laboratoire ou magasin spécial et présentent tous les avantages des pavillons, mais ils sont plus coûteux.

Installation des ruches en plein air. — Les ruches en plein air doivent être, autant que possible, abritées des vents dominants et protégées au besoin par des clôtures. Placées à une faible distance du sol, elles sont moins exposées aux courants d'air et plus accessibles aux abeilles qui tombent aux abords fatiguées ou engourdies sans pouvoir reprendre le vol. Une planchette d'entrée inclinée et quelques briques ou une planchette supplémentaire, prolongeant le plan incliné jusqu'au sol, leur permettent de regagner à pied leur domicile.

La ruche doit être tout à fait d'aplomb, ce qu'on obtient une fois pour toutes en lui faisant un fondement de briques de ciment ou de traverses de bois dur, enterrées au ras du sol et réglées au moyen d'un petit niveau à eau ou d'une équerre et d'un fil à plomb. On l'élève sur des piquets là où la neige atteint de grandes épaisseurs.

Les entrées des habitations peuvent être orientées dans toutes les directions, mais lorsque l'état des lieux le permet on donne la préférence au sud-est.

Pour la visite des ruches à bâtisses froides, comme la Dadant et la Layens, c'est de côté qu'on se place (1); il faut donc ménager un certain espace entre chaque ruche ou chaque paire de ruches et, si l'on veut pouvoir se livrer à certaines opérations nécessitant des déplacements (réunions, prévention des essaims secondaires, etc.), cet espace doit être d'un mètre et quart au minimum. Lorsque les ruches sont sur

Fig. 50. — Rucher dans le Jura, ruches Dadant et Layens.

plusieurs rangées, celles-ci doivent être à trois mètres au moins les unes des autres. Un rucher placé près d'un chemin doit en être séparé par un mur ou une bonne haie d'au moins deux mètres de haut.

Devant chaque habitation, il est bon de ménager un petit espace nu et de couleur claire, de façon à ce que les cadavres d'abeilles s'y distinguent à distance; cela facilite la surveillance des colonies et la recherche des reines mortes ou tombées en accompagnant les essaims. On répand sur le terrain du petit gravier ou de la chaux de rebut provenant des usines à gaz.

Les abeilles demandent un peu d'ombre en été et se trouvent bien de l'abri des arbres fruitiers; dans un grand rucher, quelques touffes d'arbustes, groseillers ou autres, disposés çà et là entre les rangées, servent de points de repère aux abeilles et à l'apiculteur.

(1) Pour les ruches à bâtisses chaudes on se tient derrière.

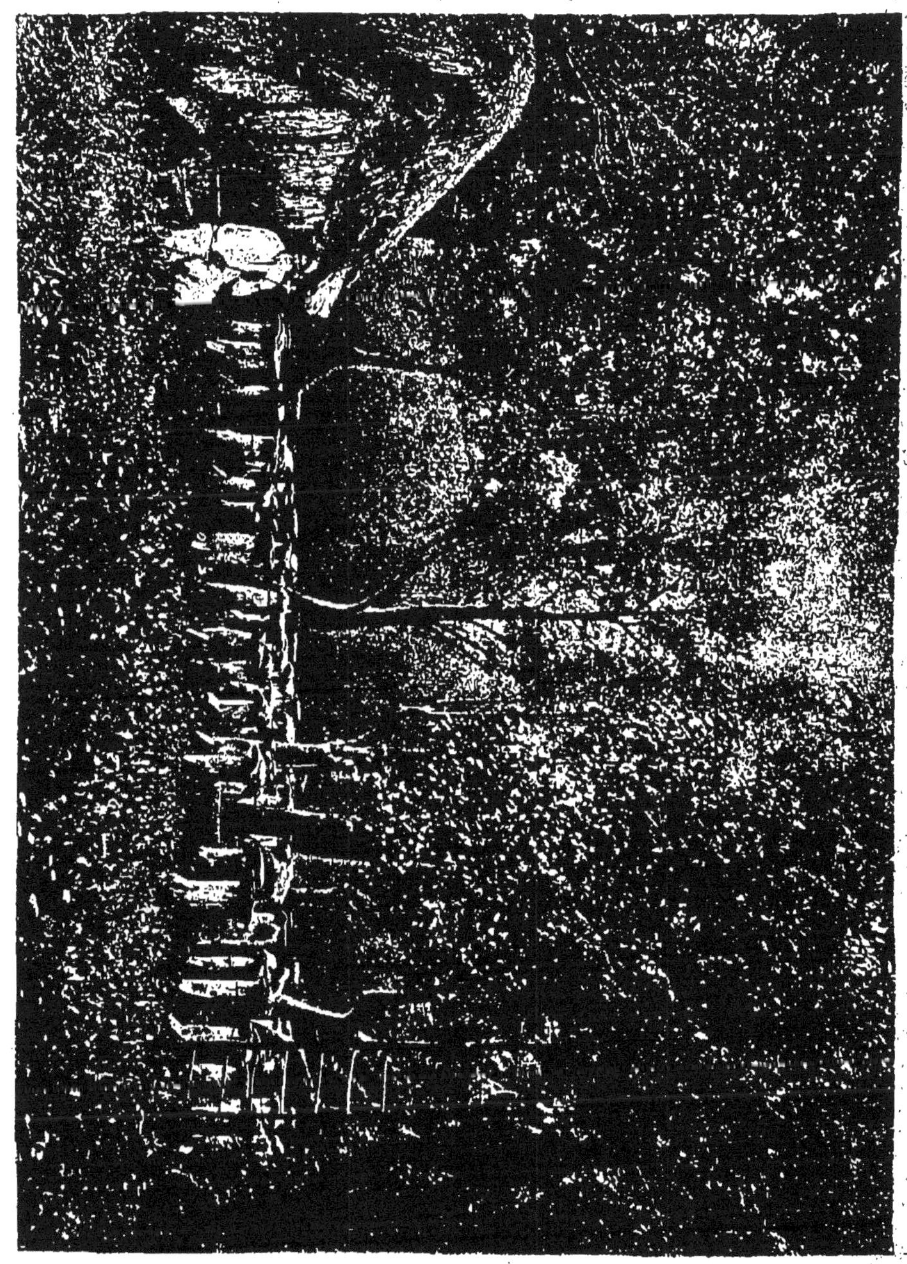

RUCHE DADANT

L'invention première de la ruche à cadres mobiles revient de droit à François Huber, de Genève, le père de l'apiculture moderne, mais sa ruche à feuillets ne fut guère employée que comme instrument d'observation, et ce n'est guère que cinquante ans plus tard que la ruche à cadres telle que nous l'employons fit son entrée dans le domaine de l'apiculture pratique.

Tandis que, vers le milieu de ce siècle, Dzierzon *réinventait* en Europe la ruche à porte-rayons mobiles, déjà proposée à la fin du siècle par Della Rocca mais oubliée, Langstroth, aux Etats-Unis, inventait, non sans en attribuer la première idée à Huber (1), la ruche à cadres que la majorité des Américains emploient encore aujourd'hui à peu près telle quelle.

Un autre apiculteur du même pays, Quinby, qui s'occupait d'abeilles depuis l'année 1830 et avait adopté la ruche Langstroth dès son apparition, publiait, il y a déjà près de 35 ans, la première édition de son ouvrage, *Les Mystères de l'Apiculture expliqués*, dans lequel nous trouvons la description d'une ruche Langstroth modifiée par lui. (2) Cette ruche différait de celle de l'inventeur en ce que sa construction était simplifiée et que les cadres, réduits au chiffre de huit pour la chambre à couvain, étaient un peu plus grands dans les deux dimensions. (3)

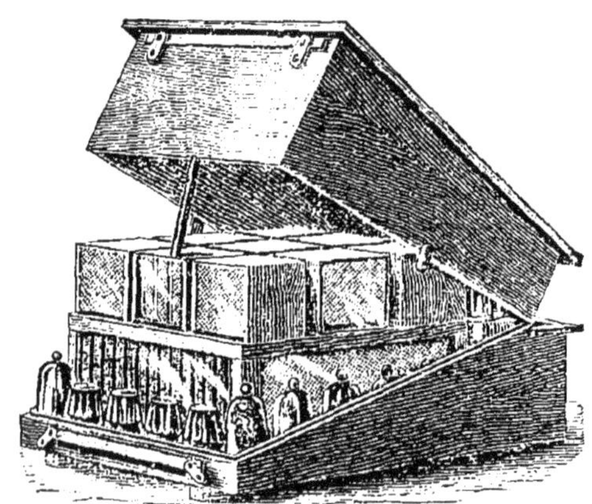

Fig. 53. - Ruche Langstroth primitive.

Cette ruche Quinby fut adoptée par un grand apiculteur français établi aux Etats-Unis, Ch. Dadant, qui lui fit subir quelques modifica-

(1) Voir *The Hive and Honey Bee* par L.-L. Langstroth, édition de 1876, page 14. L'auteur de ce monument de littérature apicole en prépare, en collaboration avec MM. Ch. Dadant & fils, une nouvelle édition complètement revue, qui sera publiée aussi en français.

(2) Dans la préface de l'édition que nous possédons, l'auteur écrit, sous la date d'avril 1865, que la 1re édition a paru douze ans auparavant, soit donc en 1853.

(3) En 1868, Quinby revint à la ruche à feuillets d'Huber, c'est à dire qu'au lieu de suspendre les cadres dans une caisse, il donna à leurs montants une largeur d'un pouce et demi (38 mm.), de façon qu'ils se touchaient en formant sur deux côtés des parois continues, puis il les assujettit sur le plateau au moyen

tions de détail et porta le nombre des cadres à onze. Il l'a décrite dans son *Petit Cours d'Apiculture*, paru en 1874; depuis lors elle a fait son chemin en Europe et c'est sous le nom de ruche Dadant que nous allons à notre tour la présenter à nos lecteurs.

Corps de ruche et plateau. — Le corps de ruche est formé de quatre parois clouées ensemble et donnant un vide intérieur ayant 490 mm. en longueur, 420 en largeur et 320 en hauteur. Les parois étroites, soit celles de devant et de derrière, ont en dedans et en haut une entaille ou feuillure de 14 ½ mm. de hauteur sur 12 ½ de largeur, dans laquelle reposent les extrémités des porte-rayons. La paroi de derrière est revêtue à l'extérieur d'une seconde paroi la dépassant en bas de 25 mm. et ayant 345 de haut. Les deux parois parallèles aux cadres ont également 345 mm. de haut et ont en bas en dedans une feuillure, de 25 mm. de haut sur 10 de large, dans laquelle s'engage le plateau. La tranche de ce dernier se trouve ainsi recouverte des deux côtés par les parois à feuillures et derrière par la seconde paroi extérieure. Le plateau a 435 mm. de large (5 mm. de jeu) et 800 de long, dont 250 sont consacrés à former planchette d'entrée et rabotés en pente en vue de l'écoulement de l'eau.

Parois et plateau ont une épaisseur de 25 mm. (pl. I).

Grands cadres. — Les cadres, faits de liteaux de 22 mm. de largeur, sont composés de cinq pièces : une de 512 × 7 ½ forme le porte-rayon ; les deux montants ont 292 ½ × 7 ½ ; la traverse du bas et la traverse de renfort sous le porte-rayon ont chacune 460 × 11 ¼. Ces cinq pièces assemblées forment un cadre mesurant en dehors 300 de hauteur sur 475 de largeur et dans œuvre 270 × 460 ; les extrémités des porte-rayons forment deux supports dépassant chacun de 18 ½ (pl. I). Les cadres sont au nombre de onze.

Dentiers-équerres et agrafes. — Les cadres sont espacés entre eux de 38 mm. de centre à centre. Pour éviter qu'ils se déplacent lorsqu'on remue la ruche, Quinby et Dadant ont chacun imaginé un dentier en fil de fer qui s'adapte au bas de la ruche et dans lequel les cadres s'en-

de crochets engagés dans une rainure. Des panneaux recouvraient le dessus des cadres et la fermeture de la ruche était complétée par deux autres panneaux analogues à nos partitions. Le tout était relié par une corde. Cette ruche, décrite dans le *Quinby's New Bee-Keeping* de L.-C. Root, gendre de Quinby, a été adoptée par ce dernier et par d'autres grands apiculteurs, tels que J.-E. Hetherington.

Un Italien a présenté, comme de son invention et sous le nom de ruche Giotto, une assez mauvaise imitation des ruches de F. Huber et de M. Quinby. C'est, soit dit en passant, le même personnage qui, dans ses écrits, traite Huber d'*imposteur*, de *bouffon*, de *mystificateur genevois*, etc., et nous qualifie aussi de *bouffon*, de *mystificateur* et de *marchand intéressé*.

gagent. Notre fabricant Siebenthal, de son côté, a adopté, après bien des tâtonnements, un dentier-équerres qui participe des équerres imaginées par de Layens et des dentiers américains. Ce sont des sortes d'épingles à cheveux en fort fil de fer, recourbées par la moitié à angle droit, et dont les deux pointes sont plantées à demeure dans les parois de devant et de derrière à 40 mm. du bas et aux places correspondant aux intervalles des cadres. Notre dessin E, pl. I, nous dispense d'entrer dans plus de détails. La pose des équerres se fait au moyen de deux règles en fer ou en bois dur de 12 mm. d'épaisseur, reliées parallèlement par deux vis. Des entailles, du calibre du fil de fer employé, pratiquées dans le bord intérieur de l'une des règles aux distances voulues, reçoivent les équerres qui sont enfoncées au marteau après que les règles ont été assujetties contre la paroi.

Pour achever de maintenir les cadres et surtout pour retrouver plus facilement leur place exacte lorsqu'on les a sortis, on plante des agrafes de tapissier, de 12 à 14 mm. de large (A, pl. I), dans la feuillure, entre les cadres, en les enfonçant de façon à ce qu'elles ne fassent saillie que de l'épaisseur du fil de fer.

Equerres et agrafes ne sont pas indispensables, sauf pour le transport à la montagne, mais elles rendent de bons services. (1)

Partitions. — Pour restreindre à volonté la capacité de la ruche, Dadant emploie deux partitions mobiles suspendues comme les cadres et qui flanquent ceux-ci à droite et à gauche quand la ruche n'est pas pleine. Pour en rendre la manœuvre aussi aisée que possible, c'est à dire pour empêcher que les abeilles ne les soudent aux parois, on a recours à divers expédients ; voici la description de la partition inventée par P. von Siebenthal (2), à qui nous devons aussi les équerres et les agrafes (pl. I) :

Elle est en bois de 10 à 12 mm. d'épaisseur environ ; sa hauteur, traverse de support comprise, est de 308 à 310 mm., ce qui laisse en bas, entre elle et le plateau, un espace de 12 à 10 mm. ; la largeur est variable, grâce à ce que la partition est complétée sur ses côtés par deux liteaux transversaux, mobiles, emboîtant à languettes et rainures. (3) Chacun de ces deux liteaux mobiles est relié par une tringle de fort fil de fer à un levier placé au centre et manœuvrant sur pivot ; l'extrémité du levier (encore une simple latte) aboutit contre la tra-

(1) Les agrafes sont une innovation suisse.

(2) Apiculteur et fabricant à Aigle (Vaud, Suisse).

(3) N'étant ni mécanicien ni menuisier, nous sommes un peu emprunté dans nos descriptions et comptons sur nos planches pour nous faire comprendre.

verse de support et, selon qu'on la pousse en avant ou en arrière, on écarte ou rapproche les liteaux, ce qui a pour effet d'augmenter ou de diminuer la largeur de la partition, largeur qui doit varier de 485 mm. (levier desserré) à 490 (partition en place). La traverse-support a 512 mm. × 22 × 14 1/2 ; on y pratique une encoche d'arrêt correspondant à la position du levier tendu. Les liteaux mobiles sont bordés d'une lisière de drap pour prévenir la propolisation.

Ces partitions fonctionnent très bien ; à mesure que l'on introduit de nouveaux cadres on les recule, puis on finit par les enlever, cela va sans dire.

Trou-de-vol. — Le passage des abeilles est ménagé dans la paroi de devant, au bas. C'est une ouverture de 220 mm. sur 8 à 9. Chacun la restreint à sa manière ; Dadant emploie tout simplement un bloc. de bois dur posé devant. Nous avons adopté le système indiqué par de Layens dans son traité, *Elevage des Abeilles* : une plaque de zinc de 25 à 30 mm. de large est fixée par deux pitons au-dessus de l'ouverture et deux autres bandes repliées aux extrémités, sont engagées sous la plaque et se manœuvrent horizontalement. On peut pratiquer dans la plaque de zinc deux fentes en biais dans lesquelles passent les pitons, ce qui permet de la faire descendre jusqu'au bas pour fermer complétement.

Couverture des cadres. — Dadant a eu successivement recours à divers procédés pour recouvrir les cadres ; maintenant il se sert d'une toile de coton, peinte à l'huile et à l'ocre, qui plaque sur la tranche des quatre parois de la ruche. Nous avons trouvé avantage à clouer sur cette toile deux lattes le long des deux bords parallèles aux cadres ; deux autres lattes mobiles, posées sur les deux autres bords, font tendre la toile qui plaque mieux ainsi. Il arrive parfois que les toiles sont trouées par les abeilles si la peinture présente des défauts, et nous employons maintenant de la grosse toile de ménage telle qu'elle est filée et tissée dans nos campagnes ; c'est un tissu de chanvre à fil tordu d'une résistance à toute épreuve et ne nécessitant aucune peinture. Les lattes ont 10 mm. sur 50 et en longueur 540 et 350. La toile a 540 × 450 ; en la roulant sur elle-même, on peut ne découvrir de la ruche que ce qu'il faut pour l'opération à faire.

Hausses. — Ce sont des caisses sans fond ni couvercle mesurant intérieurement 490 mm. de longueur, 420 de largeur et 167 de hauteur. Les deux parois parallèles aux cadres ont 10 mm. d'épaisseur ; les deux autres ont 25 mm. et elles ont, comme celles du corps de ruche, des feuillures de 14 1/2 × 12 1/2 pour recevoir les supports des cadres.

Cadres des hausses. — Dans œuvre ils ont la même largeur que les grands cadres, tandis que la hauteur est réduite de moitié. Le porte-rayon a 512 × 7 ½ ; les montants ont 152 ½ × 7 ½ ; la traverse de renfort 460 × 10 ; la traverse du bas 460 × 7 ½. Assemblés, les cadres ont en dehors 160 × 475 ; en dedans 135 sur 460.

Chapiteau. — Le couvercle de la ruche est une caisse faite de bois d'environ 10 mm. d'épaisseur et dont le fond est formé de planches qui débordent tout autour de 20 à 30 mm. Elle a, dans œuvre, 205 mm. de hauteur, 567 environ de longueur (2 mm. de jeu) et 472 de largeur (2 mm. de jeu). Placée sur la ruche, elle est supportée par des lattes de 10 mm. d'épaisseur, clouées tout le tour de la ruche à l'extérieur et à une hauteur telle que le couvercle emboîte de 20 mm. environ. Les tranches du couvercle et des lattes se rencontrent suivant un plan incliné en dehors, de façon que l'eau qui découle le long du couvercle ne séjourne pas sur le bord des lattes. Pour éviter que la paroi de devant du chapiteau ne soit trop rapprochée de celle de la hausse, Dadant cloue, en haut de la paroi de devant du corps de ruche, une traverse de 10 mm. d'épaisseur sur 50 environ de largeur et c'est sur cette traverse qu'il fixe la latte de support ; c'est pourquoi nous avons donné au chapiteau une longueur intérieure de 567 mm., jeu compris.

En haut de deux parois opposées du chapiteau sont des trous, garnis de toile métallique, servant à la ventilation.

Il s'agit d'empêcher l'eau de s'infiltrer à travers le fond du couvercle entre les joints. En Suisse, on revêt ce fond ou toit d'une feuille de tôle peinte au minium ou d'une toile peinte, mais nous tenons à donner le procédé qu'emploie Dadant, tel qu'il a bien voulu nous le décrire sur notre demande : « Chaque planche est bouvetée, puis la bouveture (c. à d. la languette et la rainure) est bien imprégnée de peinture à l'huile avant d'être assemblée ; mais avant l'assemblage nous avons fait à chaque côté une rainure qui est à 1 cm. de chaque bouveture. Cette rainure est faite avec un rabot rond de 1 ½ cm. de diamètre sur 2 ½ mm. de profondeur. L'eau, n'ayant pas d'affinité pour l'huile et rencontrant la rainure, s'y rassemble et coule sans entrer dans la bouveture ».

Modifications au modèle primitif. — Nous avons apporté quelques légers changements de détail à la ruche de Dadant telle qu'il l'a décrite et allons les indiquer sans avoir aucunement la prétention de les donner comme des améliorations.

Chapiteau. — Nous lui donnons 265 mm. de hauteur (au lieu de 205), afin de pouvoir placer sur la hausse le matelas-châssis décrit plus loin, en prévision des retours de froid au commencement de la récolte en mai.

Puis, au lieu de faire le dessus plat, nous lui donnons la forme d'un toit à deux versants dont la ligne de partage est dans le sens de la longueur. De larges rebords protègent la ruche et lui donnent l'aspect de nos chalets.

Fig. 54. - Ruche Dadant avec trois hausses. La ruche a été soulevée par devant pour agrandir le passage des abeilles.

Quand une ruche reçoit deux ou plusieurs hausses, nous ajoutons, avant de mettre le chapiteau, des enveloppes ou caisses sans fond ni couvercle servant de hausses à celui-ci. L'emboîtement se fait au moyen de lattes clouées en dedans et en haut de leurs parois de devant et de derrière et les dépas- un peu.

Plateau. — Nous donnons aux deux membrures que Dadant cloue en dessous une hauteur de 100 mm. (sauf sous la planchette qui est inclinée) et une longueur de 800 mm. Le plateau est en deux parties: l'une, horizontale, a 550 de long, l'autre, de 250, forme la planchette d'entrée et est inclinée en avant. Le plateau sert donc aussi de pied ou support.

Fig. 55. -- Plateau.

Dans la moitié du plateau opposée à l'entrée est creusée une auge de 6 mm. de profondeur, large de 385 (largeur du plateau moins 25 de chaque côté) et de 240 dans l'autre sens. Les bords transversaux de l'auge sont très évasés (taillés en biseau), de façon à faciliter le fonctionnement du racloir. Cette auge sert au nourrissement; elle peut contenir 500 gr. de sirop.

Corps de ruche. — Dadant fait la paroi de derrière double et celle de devant simple, afin qu'en hiver le soleil, quand il donne, réchauffe les abeilles et les invite à sortir. Chez nous en plaine, le soleil en hiver est presque un mythe, aussi faisons-nous les deux parois doubles en ménageant entre les deux épaisseurs un intervalle garni de paille, de laine de bois ou de laine de scories. La doublure s'arrête au bas à 50 mm. du niveau du plateau. Selon l'épaisseur qu'on lui donne, la longueur du chapiteau peut se trouver modifiée.

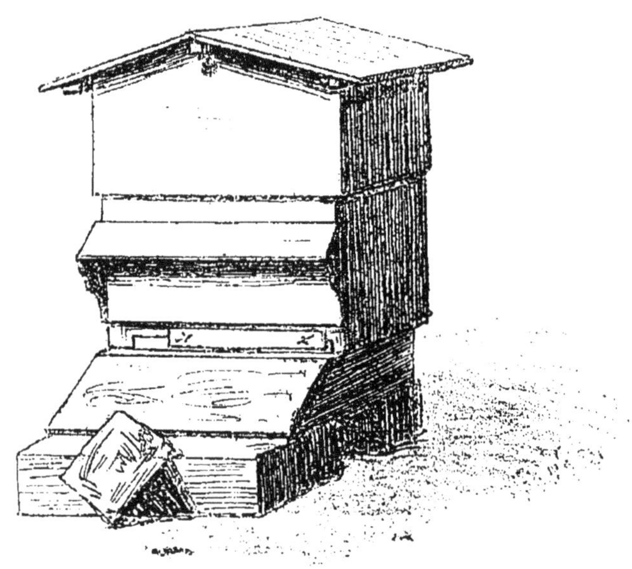

Fig. 56. - Ruche Dadant, régime d'hiver. L'ardoise a été déplacée pour laisser voir l'entrée.

Partitions supplémentaires. — Les deux parois latérales n'ont point besoin d'être doublées. En effet, en saison froide il existe déjà entre elles et les partitions un espace constituant un matelas d'air. On peut, du reste, ajouter un paillasson ou une seconde partition.

Matelas-châssis. — Pour l'hiver nous remplaçons la toile recouvrant les cadres par un châssis de 555 $\times$ 455 $\times$ 60, tendu de grosse toile dessus et dessous et garni de balle d'avoine.

Dadant remplace partitions supplémentaires et matelas par de vieux tapis et des feuilles sèches.

Peinture et revêtement des ruches. — Notre collaborateur peint ses ruches de couleurs claires et variées pour aider les abeilles à retrouver leur domicile. On peut aussi les peindre blanches et faire varier seulement la couleur des planchettes d'entrée. Nos toits recouverts de toile ou de tôle sont peints en blanc.

L'expérience nous a enseigné qu'il est très utile de peindre aussi l'intérieur du corps de ruche et le plateau. Le bois non peint absorbe l'humidité produite par les abeilles et ne la rend pas si l'extérieur est peint. Pour l'extérieur, la bonne céruse est la meilleure des peintures; à l'intérieur l'ocre suffit.

Si les parois sont faites de plusieurs pièces, l'humidité est sujette à s'introduire dans les joints. L'un de nos fabricants revêt les corps de ruche de carton peint sur les deux faces, en recouvrant les angles d'équerres en tôle légère.

Porche. — A l'imitation de Langstroth, nous ajoutons un petit auvent cloué contre la paroi de devant et destiné à protéger les abeilles quand, rentrant en masse au moment d'un orage, elles sont surprises par la pluie. Quinby et Dadant n'ont pas adopté ce porche et nos fabricants le font payer à part si on le demande. Du reste, avec nos ruches, l'épaisseur du doublage fournit déjà un certain abri aux abeilles.

Nourrissement. — Nous avons rejeté tous les systèmes obligeant à percer des ouvertures dans les toiles et matelas et nécessitant de nombreux ustensiles. Voici comment nous pratiquons le nourrissement à petites doses:

Par un trou de 15 mm. de diamètre, percé dans la paroi de derrière sous une équerre et à 10 mm. au-dessus du plateau, nous introduisons un entonnoir coudé (fig. 15) dans lequel la nourriture est versée; le liquide se répand dans l'auge creusée dans le plateau (voir fig. 55). Le trou est légèrement incliné en dedans et fermé extérieurement par un clapet de fort zinc vissé librement et retombant de son propre poids. Ce système dispense d'ouvrir la ruche et est très expéditif.

Pour le nourrissement à fortes doses, nous mettons le sirop dans des bouteilles-litres à eaux minérales que nous plaçons renversées dans l'auge entre partition et paroi. Les bouteilles reposent sur leur col et sont très légèrement inclinées dans l'angle de la ruche. L'écoulement cesse promptement, arrêté par le niveau que le liquide atteint dans l'auge, et ne recommence qu'au fur et à mesure que les abeilles font baisser ce niveau. On peut placer jusqu'à trois et quatre litres à la fois, en les appuyant les uns contre les autres.

Notre attirail se borne donc à un entonnoir coudé et à de vieilles bouteilles.

Grillages pour le transport. — Lorsqu'on fait voyager une colonie, il est indispensable de lui donner beaucoup d'air, même en hiver. Pour transporter une ruche à la montagne, par exemple, nous enlevons le chapiteau et la toile et remplaçons celle-ci par un châssis de mêmes dimensions tendu de toile métallique. Le châssis est percé de quatre trous destinés à recevoir quatre pointes que nous enfonçons à moitié dans l'épaisseur des parois. La plaque du trou-de-vol est descendue jusqu'au bas et serrée. Deux cordes de sûreté, faisant le tour de la ruche, complètent l'arrangement. Si le nombre des abeilles exige que la hausse soit laissée en place, on la consolide au moyen de huit pointes à demi-enfoncées dans la tranche des parois du corps de ruche et c'est sur elle que le grillage est cloué. Nos ruches sont chargées sur un camion à ressorts dont le pont est rembourré d'un vieux paillasson de jardin et malgré les mauvais chemins nous n'avons jamais eu le moindre accident.

Observations. — Nous avons dû donner des mesures très précises, afin que tous les chiffres soient contrôlés les uns par les autres, mais dans l'exécution il n'est pas toujours facile d'arriver à une exactitude pareille. Nous rappellerons : que l'espace entre les montants des cadres et les parois doit être de 6 $^1/_2$ à 9 mm. (7 $^1/_2$); celui entre le plateau et le bas des cadres de 10 à 15 (13); celui entre le dessus des cadres et la toile ou matelas de 6 à 8 (7); celui entre les grands et les petits cadres également de 6 à 8 (7). L'écartement des cadres de centre à centre ne doit jamais, dans la chambre à couvain, dépasser 38 mm.; il peut être moindre de 1 à 2 mm., mais sans avantage. Dans les hausses, il peut être de 42 mm., ce qui réduit le nombre des cadres à dix par hausse. Pendant la récolte, le trou-de-vol n'est jamais trop grand; après et avant c'est autre chose. Pour l'hiver, nous rappelons que les souris passent dans des trous de 10 mm. de hauteur s'ils ont plus de largeur.

Visite. — Pour examiner un seul cadre, il suffit d'écarter un peu les deux voisins, en haut, ce qui permet de le sortir facilement.

Pour visiter toute la ruche, on déplace d'un cran une partition et successivement chaque cadre, ce qui évite de revenir en arrière. Si la place manque, on enlève une partition pour la reporter de l'autre côté ou la supprimer tout à fait. Si la ruche est pleine, le plus simple est d'entreposer en dehors le premier rayon, pour le remettre à la fin de la visite à l'autre extrémité; lorsque le pillage est à craindre, on enferme ce rayon dans la boîte de transport (voir fig. 25 et MARS, page 20). En maniant les rayons, il faut avoir bien soin de les tenir suivant un plan vertical. Tous nos grands cadres sont tendus de fil de fer, mais cette précaution n'est pas indispensable; en abritant les ruches du soleil et en facilitant la ventilation, on évite les ruptures de rayons.

Pour visiter le corps de ruche quand la hausse est en place, on entrepose celle-ci sur une cale, ou mieux sur un petit châssis de même surface, afin de ne pas écraser les abeilles posées sur le dessous des cadres.

Pour nettoyer le plateau, on soulève la ruche par derrière au moyen d'un coin, ce qui permet d'introduire le racloir ou la brosse (fig. 8 et 9), ou bien on change le plateau, comme nous l'avons dit, page 30.

Ruches à treize cadres. — Quelques apiculteurs construisent leurs ruches de façon à ce qu'elles puissent contenir deux cadres de plus. Leur but est: 1° d'avoir plus de commodité dans les opérations et visites; 2° d'empêcher plus sûrement l'essaimage, grâce à la plus grande dimension de la chambre à couvain, et de pouvoir retarder de quelques jours la pose de la première hausse lorsque la nécessité de cet agrandissement se présente alors que la température est encore peu propice (1); enfin la troisième raison qui les a décidés à faire une ruche exactement carrée à l'intérieur (490 × 490 mm.), c'est la faculté que cela leur donne de poser les hausses avec les rayons dirigés transversalement, c'est à dire se croisant à angles droits avec ceux situés au-dessous. Selon la théorie de Kovàr, admise par d'autres apiculteurs, cette alternance dans la direction des rayons superposés les uns aux autres facilite aux abeilles l'accès aux rayons supérieurs. Pour se conformer à cette théorie, on place donc la première hausse avec les rayons en travers, celle au-dessus avec les rayons parallèles à ceux du corps de ruche, la troisième comme la première, etc.

La largeur de la ruche étant portée de 420 à 490 mm., l'espacement des rayons de centre à centre se trouve réduit à 37 $^1/_2$ mm. (37 $^1/_2$ × 13 = 487 $^1/_2$), avec 2 $^1/_2$ mm. d'espace supplémentaire aux extrémités.

Ruches accouplées. — Deux colonies, séparées l'une de l'autre par une simple paroi, s'installent pour la saison froide contre cette paroi mitoyenne, qui se trouve chauffée des deux côtés; les deux familles, au lieu de se grouper séparément pour l'hiver, forment à elles deux une seule sphère, partagée au milieu par la cloison. La surface de refroidissement autour des groupes étant moindre dans ces ruches accouplées, la dépense de combustible, c'est à dire de nourriture, y est moindre aussi et les abeilles s'y défendent mieux contre les retours de froid au printemps.

C'est d'après ce principe que sont conçus les pavillons et des apiculteurs ont eu l'idée de l'appliquer aux ruches Dadant, ainsi que nous l'avons dit page 114.

(1) En agrandissant le corps de ruche horizontalement par l'addition d'un rayon, puis d'un second, on refroidit moins l'habitation qu'en ajoutant d'un coup au-dessus du couvain une caisse de 25 dcm. cubes de contenance.

Ils font des ruches doubles ayant une de leurs parois latérales commune et n'emploient dans chaque habitation qu'une seule partition du côté opposé à la paroi mitoyenne.

Ce système exige un arrangement spécial pour la manœuvre des plateaux. La double caisse est supportée par six pieds; quatre sont vissés aux angles et deux se trouvent dans le prolongement de la paroi mitoyenne. Le plateau de chaque ruche est porté par deux traverses vissées aux pieds, au-dessous des parois latérales. Ces traverses, inclinées de l'avant à l'arrière, sont fixées à une hauteur telle que le plateau reposant dessus se trouve à 10 mm. de la paroi de la ruche devant et à 40 environ derrière. On le ramène contre la ruche en engageant derrière et devant, entre lui et les traverses, des lattes en biseau ou coins. Pour le sortir, on enlève le coin de devant, puis celui de derrière; il s'abaisse et on le fait glisser en arrière sur les traverses. L'agrandissement du passage des abeilles pendant la récolte s'obtient en enlevant le coin de devant. Derrière, le coin peut être remplacé par un taquet vissé sous la paroi. Le plateau ne servant pas de support, les membrures en-dessous sont beaucoup réduites en hauteur et la planchette d'entrée ne fait qu'un avec le plateau; on se contente de l'amincir vers son extrémité pour lui donner une légère pente.

Les ruches jumelles ne sont guère utilisables que sous un abri, vu que leur toit ou chapiteau serait d'une construction compliquée, et leur pesanteur ne permet pas de les déplacer pour les opérations.

RUCHE LAYENS

Ce modèle de ruche est décrit dans le traité de Georges de Layens, *Elevage des Abeilles par les procédés modernes*, dont la première édition a paru en 1874, mais son inventeur l'avait adopté dès l'année 1865. Un certain nombre d'apiculteurs de la Suisse romande, après l'avoir expérimenté pendant plusieurs années, y ont apporté d'un commun accord quelques modifications de détail et c'est cette ruche, telle que la fournissent nos fabricants suisses, que nous allons décrire ici. Les mesures se rapportent à une caisse de 20 cadres, dimension généralement adoptée chez nous.

Corps de ruche et plateau (pl. II). — Le corps de ruche est formé de quatre parois clouées ensemble et donnant un vide intérieur ayant 433 mm. en hauteur, 345 en largeur et 767 en longueur. Les grandes parois, c'est à dire celles de devant et de derrière, ont en dedans et en haut une entaille ou feuillure de 18 mm. de hauteur sur 12 ½ de largeur, dans laquelle reposent les extrémités des porte-rayons.

Le plateau, qui est mobile, s'engage de trois côtés, c'est à dire derrière et sur les côtés, dans des feuillures de 25 mm. de haut sur 10 de large pratiquées en dedans et en bas des trois parois (celle de derrière et les deux latérales), qui ont donc en totalité une hauteur de 433 + 25, soit 458, tandis que la quatrième, celle de devant, n'a que la hauteur du vide intérieur de la ruche, soit 433. Le plateau a une longueur de 782 mm. (5 mm. de jeu) et une largeur de 390, de façon à dépasser le corps de ruche devant de 10 à 12 mm.

Parois et plateau ont une épaisseur de 25 mm.; le plateau est renforcé en dessous de deux traverses clouées aux deux extrémités latérales.

Doublage et revêtement. — Le corps de ruche est revêtu des quatre côtés d'un doublage en balle d'avoine, paille, laine de bois ou de scories, doublage maintenu par un revêtement de lames de bois (pl. II), cloué sur des lattes courant horizontalement tout le tour de la ruche en haut et en bas et sur des montants aux angles que nous n'avons pu indiquer dans le dessin. (1) Les lattes et les montants ont une épaisseur égale à celle qu'on veut donner au doublage; notre dessin indique 25 mm., mais on peut mettre un peu moins. Les lattes inférieures qui ont 30 mm. de largeur (25 × 30) sont placées à 50 mm. au-dessus du niveau du plateau, de façon à laisser au bas de la ruche un espace de 50 mm. sans doublage ni revêtement. Les lattes supérieures ont 90 mm. de large (25 × 90) et débordent en haut du corps de ruche de 60 mm.; on en verra plus loin la raison. Le revêtement dépasse en bas les lattes inférieures de quelques millimètres pour faciliter l'écoulement de l'eau, tandis qu'en haut il s'arrête à 20 mm. environ au-dessous du bord supérieur des lattes, afin de laisser l'espace nécessaire pour l'emboîtement du chapiteau. Le meilleur revêtement consiste en lames de bois posées verticalement avec couvre-joints.

Chapiteau. — Il est construit d'une façon analogue à celui de la Dadant. Nous lui donnons une hauteur telle que, posé, il laisse un vide de 136 mm. au-dessus des cadres. Cet espace est nécessaire pour installer commodément un étage de boîtes à miel, boîtes dont six remplissent exactement le vide d'un cadre.

Le chapiteau doit être muni, en haut de ses deux parois latérales, de ventilateurs grillés.

(1) On fait dépasser les parois latérales du corps de ruche, de chaque côté, de l'épaisseur du doublage, pour donner plus de cohésion au tout; nous n'entrons pas dans plus de détails pour ne pas allonger. Ce que nous omettons est l'affaire du menuisier.

Un certain nombre d'entre nous ont adopté un toit à deux versants débordant sensiblement des deux côtés et allégé autant que possible. Il devient alors nécessaire, pour éviter que le vent ne le soulève, de l'assurer au moyen de deux clous ou chevilles mobiles. Dans notre dessin, nous avons placé ces clous sur les faces de devant et de derrière (C, C), parce que nous n'avons pas représenté les faces latérales, mais c'est dans ces dernières qu'il convient de les mettre.

Support et planchette d'entrée. — Vu les grandes dimensions de la ruche, nous n'avons pas, comme pour la Dadant, cloué le plateau au support. Ce dernier se compose de quatre pièces; deux forment le support proprement dit, elles sont reliées entre elles derrière par une traverse et devant par la planchette d'entrée, à laquelle on donne une inclinaison en avant pour faciliter l'écoulement de l'eau et l'accès aux abeilles tombées sur le sol devant la ruche. Notre dessin (pl. II) nous dispense d'entrer dans plus de détails.

Fenêtre ou regard. — G. de Layens a pratiqué dans le bas de la paroi de derrière de sa ruche un regard vitré auquel nous avons presque tous renoncé en Suisse, sans lui contester une certaine utilité. Il coûte et complique la construction de la caisse, il nécessite un calfeutrage pour l'hiver et les vitres se cassent facilement; enfin, comme nous plaçons nos ruches très près du sol, il faudrait se mettre à genoux pour regarder par cette fenêtre.

Cadres. — Les cadres, faits de liteaux de 10 mm. d'épaisseur, et, à l'exception de la traverse inférieure, de 25 mm. de largeur, sont composés de cinq pièces; un porte-rayon de 368 de long (2 mm. de jeu); deux montants de 405; une traverse de renfort de 310, clouée sous le porte-rayon; une traverse inférieure de 310 × 20 × 10, clouée de champ (voir pl. II) et de façon à laisser dépasser les deux montants de 5 mm. Cette disposition des deux montants dépassant la traverse permet de faire reposer le cadre debout sans écraser d'abeilles. Les extrémités inférieures des montants sont sciées en biseau pour faciliter la descente du cadre entre les équerres d'écartement. Les cinq pièces assemblées forment un cadre mesurant en dehors 330 × 410 mm. et dans œuvre 310 × 370.

Ce cadre a le mérite d'être très solide, de ne jamais gauchir, même sous la tension des fils métalliques employés pour soutenir les feuilles gaufrées; de plus, il est sans rival pour l'hivernage.

Les dentiers-équerres et les agrafes se placent comme dans la ruche Dadant à 38 mm. de centre à centre, mais ils ne doivent avoir que 12 mm. de largeur au maximum, l'espace entre chaque cadre n'étant que de 13 mm. (25 + 13 = 38). Les équerres se placent à 50 mm. environ au-dessus du plateau.

Partitions. — Il y en a deux, construites selon le même principe que celles de la Dadant; il doit y avoir 12 mm. d'espace entre le bas de la partition et le plateau. La traverse de support a, comme les porte-rayons, 368 mm. de longueur (2 mm. de jeu) et 25 environ de largeur, mais l'épaisseur ou hauteur en est de 18 mm.

Le trou-de-vol, placé au bas de la paroi de devant, a 8 ou 9 mm. de hauteur sur 250 environ de longueur. Sa fermeture est celle que nous avons adoptée pour la ruche Dadant. M. de Layens, au lieu d'une seule entrée au milieu, en met deux vers les extrémités et les ouvre alternativement, selon l'époque et l'opération qu'il a en vue.

La couverture des cadres est faite de toile de coton peinte des deux côtés ou de grosse toile de chanvre non peinte. Elle est revêtue en-dessus de lames de bois biseautées, disposées parallèlement aux cadres et séparées entre elles de quelques millimètres. Les deux lames des extrémités sont plus fortes et munies d'une poignée en cuir ou en forte étoffe. Les lames sont clouées à la toile, qui doit offrir une certaine résistance. Elle a 395 mm. sur 817 et repose sur la tranche des parois de la ruche.

Le matelas-châssis, déjà décrit, a en surface les mêmes dimensions que la toile, moins quelques millimètres de jeu, et doit être muni de poignées de cuir aux extrémités. On peut le remplacer par un simple coussin, ou de vieux tapis, mais dans ce cas il est bon de poser en travers des cadres pour l'hiver quelques baguettes de 8 à 10 mm. d'épaisseur, ménageant entre elles un passage aux abeilles.

Le nourrissement se fait, comme dans la Dadant, au moyen d'un trou percé au bas de la paroi de derrière sous une équerre, d'une auge creusée dans le plateau et de vieilles bouteilles. On peut remplacer l'auge par un plateau de fer-blanc de 400 × 220 mm. environ, avec rebords de 6 mm., que l'on pose sur le plancher de la ruche tout contre la paroi de derrière.

La visite se fait comme celle de la Dadant, mais, comme les cadres ne sont au complet que pendant le fort de la récolte, on peut presque toujours opérer par déplacement d'un cran, ce qui évite de manier deux fois les partitions et les cadres; on a aussi tout l'espace nécessaire pour entreposer des rayons ou placer des nourrisseurs en dehors des partitions.

Modifications au support et au plateau. — Cette ruche étant passablement plus lourde que la Dadant, le nettoyage et le déplacement du plateau sont plus difficiles. On pourrait supprimer le support, le remplacer par quatre pieds vissés aux angles de la caisse et adopter pour le plateau le système que nous avons décrit au paragraphe *Ruches accouplées*, page 127.

Fig. 57. - Ruche Layens dans la haute montagne.

RUCHE BURKI-JEKER ET PAVILLONS

La Burki primitive était une ruche Berlepsch heureusement modifiée par un apiculteur du nom de Ch. Burki (mort en 1864), contremaître dans la fabrique fédérale de capsules au Liebefeld, près Berne. Cette ruche est encore en usage telle quelle dans différentes parties de la Suisse et entre autres dans le canton de Fribourg. Elle se compose de deux rangées de cadres pareils mesurant extérieurement 240 mm. de hauteur sur 285 de largeur.

Bien qu'elle eût dès l'origine les cadres plus larges que la Berlepsch, elle a subi successivement de nouveaux agrandissements, ainsi que des modifications dans l'agencement ; le modèle que nous allons décrire est celui proposé il y a quelques années par M. J. Jeker et adopté par la Société suisse des Amis des Abeilles, dont il est le président. (1)

(1) M. Jeker est également le rédacteur de la *Schweizerische Bienen-Zeitung*, fondée par Peter Jacob, en 1869.

Caisse. — La ruche est une caisse dont cinq des parois sont fixes et dont la sixième, qui en forme un des côtés étroits, est mobile. Elle mesure intérieurement : hauteur 630 mm.; largeur 300; profondeur

Fig. 58. — Ruche Berlepsch.

500. Cette dernière dimension peut être agrandie si l'on veut augmenter le nombre des cadres; un cadre de plus par rangée exige une profondeur de 35 mm. de plus (535).

Les cadres sont de deux sortes, différant par leur hauteur (pl. III). Ils sont faits de lattes de 22 mm. de largeur sur 7 ½ d'épaisseur et se composent de quatre pièces. Les traverses supérieures ou de support ont 298, les traverses inférieures 285; les montants ont 346 ou 105. Les grands cadres ont extérieurement 361 sur 285 (dans œuvre 346 × 270); les petits 120 sur 285 (dans œuvre 105 × 270).

Pointes d'écartement. — Les cadres sont maintenus à 13 mm. les uns des autres (35 mm. de centre à centre) au moyen de pointes à tête, à demi-enfoncées dans l'épaisseur des montants, à 20 mm. environ des extrémités. Chaque cadre en reçoit quatre; on en plante deux dans le montant de gauche par exemple, une en haut l'autre en bas; puis on retourne le cadre de gauche à droite et on plante les deux autres dans le montant qui se trouve à gauche dans la nouvelle position. Cette disposition permet de retourner les cadres à volonté (voir pl. III). Comme le premier cadre n'appuyerait contre la paroi du fond à la distance voulue que d'un seul côté, on plante dans cette paroi, à gauche et aux places convenables, huit pointes (deux par étage de cadres) faisant également saillie de 13 mm.

Tasseaux. — Les cadres reposent par les extrémités de leurs traverses de support sur des tasseaux cloués horizontalement contre les parois latérales et ayant 490 mm. de longueur, 10 d'épaisseur verticale et 7 de largeur. Il y en a quatre de chaque côté. Les premiers ont leur face supérieure à 122 $^1/_2$ mm. du niveau du plancher; les deuxièmes à 363 $^1/_2$; les troisièmes à 489 $^1/_2$ et les quatrièmes à 615 $^1/_2$.

Les deuxièmes tasseaux servent pour les grands cadres, les troisièmes et quatrièmes pour les petits. Le bas des grands se trouve ainsi à 10 mm. du plancher et entre chaque étage de cadres il règne un espace de 6 mm. Pour certaines opérations, l'apiculteur a intérêt à placer un ou plusieurs petits cadres en bas, reposant sur les premiers tasseaux; dans ce cas, les grands cadres correspondants sont posés dessus.

La manœuvre des cadres se fait au moyen de pinces allongées et légèrement recourbées aux extrémités, avec lesquelles on saisit la traverse de support vers un angle. Les cadres sortis sont entreposés dans une petite caisse analogue à une ruche à un étage. Pour compter les cadres dans la ruche on introduit, en la faisant toucher contre la paroi du fond, une règle portant de gros numéros espacés à 35 mm. de centre à centre.

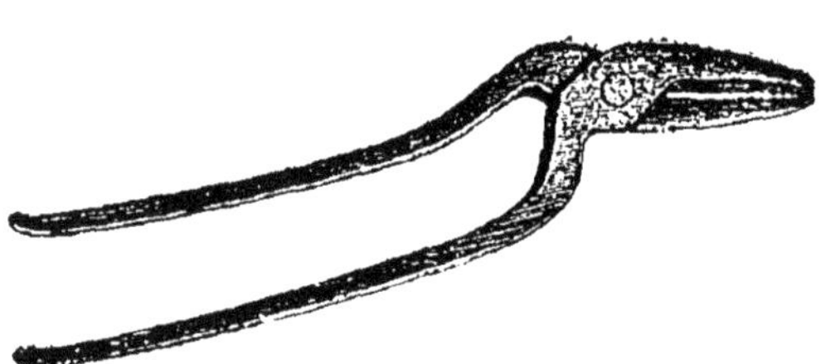

Fig. 59. - Pinces pour saisir les cadres.

Planchettes de recouvrement. — Le dessus des cadres est recouvert de petites planchettes de 298 mm. de long (largeur et épaisseur à volonté) en dessous desquelles sont clouées aux extrémités des traverses de 7 $^1/_2$ $\times$ 7 $^1/_2$ mm. La dernière planchette est posée retournée. Lorsque la ruche est garnie de cadres jusqu'au haut, les planchettes ne sont pas employées, l'espace restant sous le plafond n'étant que de 7 mm. Les fenêtres-partitions, au nombre de trois, sont des vitres encadrées de bois et munies, comme les cadres, de traverses de support (pl. III). Elles sont larges de 297 mm. et bordées en dedans sur leurs côtés de lisières de drap. La plus grande repose sur les deuxièmes tasseaux et a 355 mm. de hauteur; celle au-dessus a 126 et la troisième, en haut, 134. Sous les traverses, de chaque côté, sont entaillés (avec jeu) des passages correspondant aux tasseaux. La grande fenêtre a deux entailles supplémentaires pour les tasseaux du bas. Chaque fenêtre reçoit en dedans à droite deux pointes d'écartement.

Quel que soit le nombre des cadres existant dans un étage, la fenêtre correspondant à cet étage est poussée contre le dernier. Lorsqu'un second étage de cadres est ajouté, les planchettes sont transportées sur cet étage et une seconde fenêtre est ajoutée. Si le nombre des cadres au second étage est moindre que dans le premier, on achève de couvrir le premier avec des planchettes.

Pièce sous la grande fenêtre. — L'espace de 15 mm. entre la grande fenêtre et le plancher est fermé au moyen d'une traverse taillée en biseau. Elle a 298 mm. de long, 25 de large et sa hauteur va en diminuant de 20 en dehors à 12 en dedans, de manière à former coin. Une feuillure de 10 × 10 mm. est entaillée dans sa longueur en dedans et en bas. Au centre de la pièce et au bas est une ouverture de 70 mm. de long sur 10 de haut, livrant passage au nourrisseur (pl. III).

Le nourrisseur consiste en un petit plateau de fer-blanc, de 220 mm. environ sur 68, avec rebords de 7 à 8, qu'on introduit par l'ouverture décrite ci-dessus, en en laissant le tiers ou le quart en dehors pour pouvoir y ajuster une bouteille renversée. En travers du plateau, une bande de fer-blanc dentelée et mobile ferme le passage aux abeilles. C'est une invention de M. Blatt.

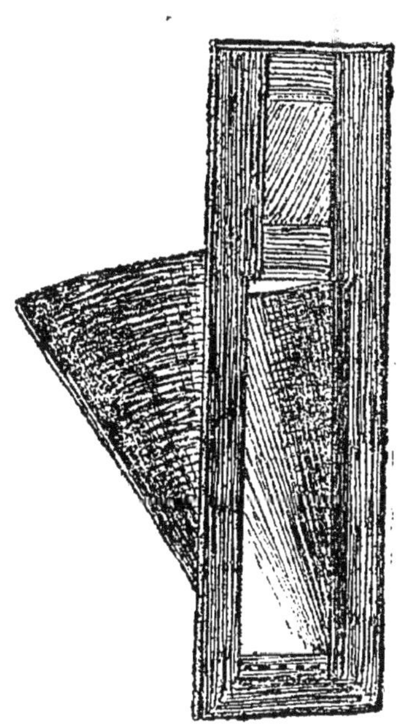

Fig. 60. - Entonnoir à essaims.

Porte. — La fermeture de la ruche consiste en un panneau à feuillures retenu par des taquets.

Entonnoir à essaims. — L'introduction d'un essaim dans la ruche se fait au moyen d'un entonnoir en carton ou en fer-blanc, monté sur un châssis de même dimension que la porte et qu'on suspend verticalement contre la ruche (fig. 60).

Le trou-de-vol ou entrée est une ouverture de 150 mm. de long sur 15 de haut, pratiquée au bas de la paroi opposée à la porte ou de l'une des parois latérales vers l'extrémité opposée à la porte. Cette ouverture est diminuée à volonté au moyen d'une plaque de zinc de 200 mm sur 30 environ, maintenue au-dessus par deux pitons. Elle est percée verticalement de deux ouvertures allongées par lesquelles passent les pitons. Deux lames de 20 mm. sur 100, engagées sous la plaque et manœuvrant horizontalement, complètent la fermeture.

La planchette d'entrée se compose de deux pièces : une de 300 mm. sur 40 est clouée contre la paroi de la ruche au niveau de son plancher; l'autre de 200 sur 250 est fixée par un de ses petits côtés à la première, au moyen de deux charnières qui permettent de la relever en hiver contre la paroi de la ruche. La surface des deux pièces est légèrement inclinée en avant.

Pavillons. — Les ruches du type Burki doivent toujours être assemblées en nombre pair, de façon à ce que les familles hivernent deux à deux contre une paroi mitoyenne commune (voir SEPTEMBRE la note

Fig. 61. - Rucher de M. Theiler, à Zoug. 90 ruches Burki-Jeker et 14 ruches Blatt.

page 89 et RUCHE DADANT, *Ruches accouplées*), et les portes des ruches doivent donner dans un local fermé. Si on les employait isolées ou en plein air, non seulement elles perdraient les avantages qui leur sont propres, mais deviendraient inférieures aux ruches à plafond mobile même au point de vue des risques de pillage.

Elles sont alignées côte à côte en plusieurs rangées superposées et derrière se trouve une pièce éclairée formant laboratoire. Ou bien, on peut donner au bâtiment la forme d'une croix ; trois des branches ou

Fig. 62. - Rucher de M. Jeker. Pavillon de 54 ruches et deux autres plus petits.

ailes sont formées par les ruches groupées sur quatre ou six de front, et le centre est réservé au laboratoire dont la double porte d'entrée se place, avec des armoires, dans la quatrième aile regardant le nord. Deux étroites fenêtres à châssis pivotants sont logées de chaque côté de l'aile opposée à la porte, aux angles qu'elle forme avec ses voisines.

Le plan ci-après, fig. 63, indique la façon dont sont placés les trous-de-vol dans une aile de quatre ruches de front, et la fig. 64 montre cette aile en élévation.

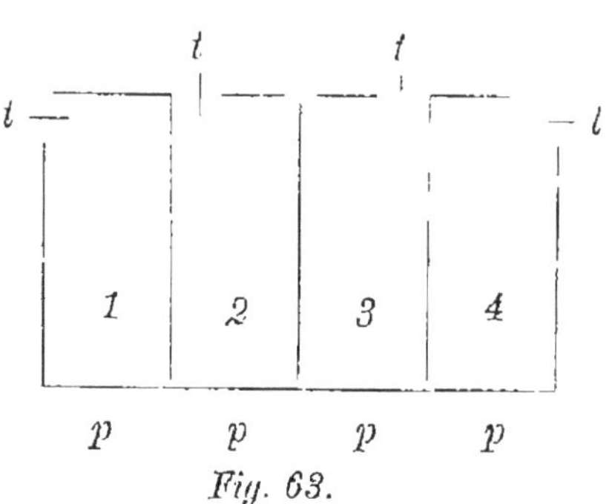

Fig. 63.
t. trous-de-vol, p. portes.

Les parois extérieures du pavillon et le plafond des ruches supérieures sont fortement doublés (100 mm.) ; l'intervalle entre la paroi et son revêtement est garni de paille, de mousse, de laine de bois ou de scories, etc. Le laboratoire doit être

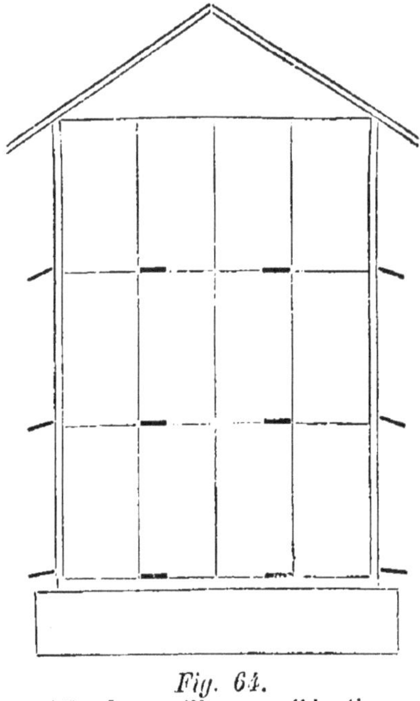
Fig. 64.
Aile de pavillon en élévation.

muni de bons ventilateurs, car le défaut du pavillon est d'être un peu chaud en été. Dans celui de M. Jeker, dont nous donnons une vue (fig. 62), la seconde porte intérieure a son panneau d'en haut remplacé par un treillis métallique et reste seule fermée pendant la saison chaude. Au sommet du plafond est une lucarne par laquelle on peut aussi donner de l'air ou faire sortir les abeilles qui se trouvent encore dans la pièce après une opération.

L'un des avantages qu'offre le système des pavillons, c'est que les abeilles y sont sous clef, à l'abri des voleurs et des indiscrets.

HYDROMEL, EAU-DE-VIE, VINAIGRE

Hydromel. — Procédé de fabrication. — Emploi du sous-nitrate de bismuth. — Autres procédés de fabrication. — Dosage de l'hydromel. — Eau-de-vie de miel. — Vinaigre de miel.

L'hydromel, comme l'indique son nom tiré du grec, est un mélange de miel et d'eau. Ce mélange, fait dans des proportions convenables, est une substance analogue au jus de raisins, dont il a les propriétés et les qualités; on est même en droit de l'appeler un produit naturel, puisque c'est le nectar des fleurs auquel on se borne à rendre l'eau enlevée par les abeilles. De même que le jus de raisins ou de fruits, le mélange d'eau et de miel subit, à une certaine température, l'action des ferments alcooliques qu'il contient et devient, lorsque cette fermentation s'est effectuée, une boisson plus ou moins alcoolique analogue au vin et au cidre. Seulement, la fermentation de l'eau miellée est plus lente et demande à être surveillée et activée, sinon des ferments d'une autre nature peuvent se développer et transformer le liquide en vinaigre.

Le degré alcoolique de l'hydromel dépend tant de la proportion d'eau ajoutée au miel, que de la transformation plus ou moins complète en alcool des parties sucrées contenues dans le mélange. Plus la fermentation aura été complète, plus l'hydromel sera fort et sec. Lorsque la transformation des sucres en alcool est incomplète, il reste plus doux, mais il est en même temps plus sujet à tourner si le degré alcoolique est insuffisant.

Pour obtenir un hydromel qui se conserve plusieurs années et rappelle le plus possible le vin blanc ordinaire, on doit obtenir une fermentation aussi complète que possible et mettre en poids de 26 à 28 % de miel pour 74 à 72 % d'eau. Cela donne une boisson trop forte pour l'usage journalier (12 à 14° d'alcool), mais on a la ressource d'ajouter de l'eau au moment de la boire.

La fermentation dure de six semaines à deux mois et doit se faire par une température de 18 à 25° C. On peut opérer dans un local chauffé, mais le plus simple est de fabriquer pendant la saison chaude et de tenir le tonneau au soleil, en le couvrant au besoin de paillassons ou de vieux tapis si la température vient à baisser considérablement. Il y a avantage à employer des vases d'une certaine grandeur; plus la quantité de liquide sera considérable, plus la fermentation sera régulière et rapide, une grande masse de liquide n'ayant pas le temps de se refroidir assez pendant la nuit pour affaiblir sensiblement la fermentation. On ajoute au mélange un peu d'acide tartrique, tant pour favoriser la fermentation que pour donner à l'hydromel cette très légère acidité qu'a le vin de raisins.

Le procédé que nous indiquons ci-après est celui que nous a enseigné M. Georges de Layens, dont nous avons fréquemment dégusté les excellents produits et qui a bien voulu nous guider dans notre fabrication.

Procédé de fabrication. — Le miel est délayé dans de l'eau tiède (l'eau bouillante risque de tuer les ferments) dans la proportion de 350 à 450 grammes de miel par litre d'eau et l'on verse à mesure dans un tonneau n'ayant aucun mauvais goût. On ajoute environ 50 grammes d'acide tartrique pour 100 litres de liquide. On a soin de ne pas remplir entièrement le tonneau, car la fermentation, qui commencera peu de jours après, ferait déborder le liquide; sur la bonde on place simplement une tuile. Un surplus d'eau miellée, conservé dans des bouteilles ou des bidons, sera rajouté au fur et à mesure que le liquide baissera dans le tonneau.

« Voici, dit M. de Layens, une méthode très simple de suivre la fermentation et qui permet de savoir quand elle est terminée, tout en empêchant l'air extérieur d'entrer dans le tonneau pendant la fermentation, ce qui est toujours préférable. On bouche le tonneau à l'aide d'un bouchon de liège fermant bien; au milieu du bouchon on perce un trou dans lequel on introduit un tube recourbé dont l'extrémité plonge dans un vase contenant de l'eau. Pendant la fermentation on voit les bulles de gaz sortir du tube et monter à la surface de l'eau, mais si par suite d'un grand abaissement de température la fermentation s'arrêtait, l'air ne pourrait pas entrer dans le tonneau. Lorsqu'il ne sort plus de gaz par le tube, la fermentation est terminée. On se sert actuellement de ce procédé dans la fabrication des vins. (1)

Après la fermentation, on met le tonneau à la cave ou dans un cellier. Sur la bonde on met un morceau de forte toile mouillée et par dessus gros comme le poing de sable fin mouillé que l'on tasse bien sur la toile en forme de cône. Cette fermeture est excellente, car elle forme au besoin soupape si pendant la fermentation insensible il se dégage encore un peu de gaz.

On pourra laisser ainsi le vin jusqu'au printemps suivant en ayant grand soin de temps en temps de le remplir complétement. (2)

Dès le mois de mars, on devra le soutirer, afin de le changer de tonneau. (3) On aura soin de prendre un tonneau plus petit et après l'avoir complétement rempli on placera la bonde qui doit fermer exactement. »

Si on laisse vieillir, il ne faut pas oublier de remplir de temps en temps et de changer de fût chaque année au printemps.

Emploi du sous-nitrate de bismuth. — « M. Gayon (nous citons de nouveau M. de Layens), professeur à la Faculté de Bordeaux et ancien directeur du laboratoire de M. Pasteur, s'est beaucoup occupé dans ces derniers temps des fermentations alcooliques et a découvert un remarquable procédé destiné à supprimer pendant la fermentation alcoolique l'action de tous les autres ferments nuisibles. Sa méthode est des plus

(1) Il peut arriver, lorsque le niveau du liquide a baissé, que les joints de la partie supérieure du tonneau ne ferment plus bien et que le gaz sorte par ces jointures au lieu de passer par le tube. Il est alors nécessaire, pour suivre la marche de la fermentation, d'ajouter du liquide qui fera dilater le bois et fermera les fentes.

Il faut une oreille exercée pour entendre le travail du liquide lorsqu'il s'est ralenti et pour se passer du tube indicateur. E. B.

(2) Nous rajoutons de l'hydromel provenant d'une précédente fabrication; on peut mettre du vin blanc, ou se borner à introduire par la bonde des cailloux roulés, qui occupant de la place font monter le niveau du liquide. E. B.

(3) Le transvasage est aussi indispensable que pour le vin, et lorsque l'hydromel a été fabriqué en été en plein air, il faut le soutirer à l'automne avant de remuer le tonneau pour le transporter à la cave. E. B.

simple, il suffit en effet d'ajouter au liquide 10 grammes de sous-nitrate de bismuth par 100 litres de liquide destiné à la fermentation, pour empêcher toute autre fermentation que celle alcoolique. Cela a le double avantage d'éliminer les fermentations secondaires et de faire produire plus d'alcool; en effet ces fermentations secondaires détruisant à leur profit pendant l'opération une certaine quantité de sucre, il en résulte en définitive une moins grande quantité d'alcool produite. Ainsi, dans une expérience de M. Gayon, il a produit 54 c. c. d'alcool avec bismuth, contre 50 c. c. sans bismuth.

En résumé, il résulte des faits précédents qu'il y a un grand avantage à ajouter du bismuth à toute espèce de fermentation alcoolique, et nous espérons que les apiculteurs voudront bien rendre compte dans la *Revue Internationale* des résultats qu'ils obtiendront. »

Un de nos abonnés a fait part de ses essais comparatifs avec et sans bismuth et conclut à son utilité pour activer et entretenir la fermentation alcoolique. Nos propres expériences viennent à l'appui des siennes, mais elles sont aussi trop récentes pour donner rien de concluant et nous nous bornons à dire : continuez les essais.

Le bismuth est peu soluble dans l'eau pure, mais il l'est suffisamment lorsque le liquide contient la dose d'acide tartrique indiquée pour l'hydromel.

Autres procédés de fabrication. — La méthode indiquée plus haut donne un hydromel rappelant pour le goût et la couleur le vin ordinaire. Le nôtre, qui est fabriqué avec nos miels de seconde récolte (miel du Jura), de couleur assez foncée, est souvent pris pour du vrai vin blanc par les personnes non prévenues et il faut quelquefois insister pour les détromper. En fait, nous ne l'avons jamais entendu critiquer que par quelques rares propriétaires de vignes..... et nous ne leur en voulons pas.

Si le miel employé a un goût très accentué, on peut masquer ce goût en suspendant dans le tonneau pendant une quinzaine de jours un sachet de graines de genièvre ou en ajoutant au liquide quelques gouttes d'essence de genièvre étendue d'alcool. On peut donner le goût de muscat en mettant quelques feuilles de sauge orvale *(Salvia sclarea)* ou des fleurs de sureau. De même il est facile de donner une nuance plus foncée au liquide avec un peu de caramel.

Un autre procédé de fabrication que nous avons aussi employé avec succès, mais qui est moins simple, c'est de faire bouillir et d'écumer l'eau miellée pendant une ou plusieurs heures selon le degré de concentration qu'on veut obtenir. Les ferments contenus dans le liquide étant tués par la cuisson, on les remplace par un peu de levure de bière ou de présure, par quelques fruits ou raisins secs hâchés, ou encore par quelques litres de moût de raisins ou de fruits, quand la saison s'y prête. La levure de bière donne un léger goût amer.

Lorsqu'on fait bouillir le liquide, il faut, dans le dosage de l'eau, tenir compte de l'évaporation produite par la cuisson, à moins qu'on ne veuille obtenir un hydromel liquoreux, analogue à celui qu'on fait en Podolie, par exemple, qui rappelle plutôt le curaçao que le vin. Pour cette liqueur russe, l'eau miellée est ramenée par la cuisson à la densité du miel, mais c'est tout ce que nous savons de la recette, qui est un secret de moines.

Les hydromels forts et concentrés qu'on laisse vieillir rappellent tout à fait les vins d'Espagne secs ou doux, selon la dose de sucre qu'ils contiennent. D'une façon générale, on peut dire que tous les hydromels suffisamment alcooliques gagnent beaucoup en vieillissant; mais nous ne pouvons parler par expérience, notre fabrication suffisant à peine aux besoins de notre ménage et nos premiers essais, infructueux dans le début, ne remontant qu'à six ou sept ans.

On fait toutes sortes de boissons gazeuses avec de l'hydromel léger qu'on met en bouteilles pendant la fermentation, mais elles ne se gardent pas, les bouteilles sont sujettes aux accidents et nous ne nous chargeons pas de donner des directions à ce sujet.

Dosage de l'hydromel. — Le lavage des opercules de cire et des instruments après l'extraction du miel donne une eau miellée qui peut être utilisée soit pour la fabrication du vinaigre (voir plus loin) soit pour celle de l'hydromel, mais il faut pouvoir se rendre compte de la proportion de miel contenue dans cette eau. De même, il est assez nécessaire de connaître le degré alcoolique de l'hydromel après fermentation. L'apiculteur a pour cela deux instruments : le glucomètre Guyot, qui coûte trois francs, et un alcoomètre nouveau, qu'on trouve chez Baserga fils, quai de l'Horloge, 29, à Paris, au prix de sept francs.

Le glucomètre, plongé dans l'eau miellée, marquant dans l'échelle alcoolique le degré d'alcool qu'elle donnera après fermentation, on ajoute soit le miel soit l'eau nécessaire pour obtenir le degré alcoolique désiré.

L'alcoomètre se compose d'un petit tube en verre gradué et d'une planchette percée d'un trou. Après avoir rempli aux trois quarts un verre de l'hydromel obtenu, on place la planchette sur le verre et on enfonce le tube dans le trou en arrêtant juste au moment où sa pointe touche le liquide. Puis, avec la bouche on aspire le liquide par le tube;

en redescendant, le liquide s'arrêtera à un certain degré qui indiquera la force en alcool.

L'eau-de-vie de miel s'obtient par la distillation de l'hydromel sec. D'après les données fournies par M. l'abbé Délepine et citées par M. de Layens, un kilog. de miel fournirait un litre d'eau-de-vie à 22°. L'eau-de-vie obtenue est d'excellente qualité, mais si l'on ne prend pas certaines précautions, elle a un goût de cire. Pour l'éviter, M. de Layens recommande d'ajouter, pendant la distillation, un litre de crême de lait par cent litres de liquide. D'autres remplacent la crême par de la braise.

Vinaigre de miel. — Il y a beaucoup de recettes, mais le procédé américain nous paraît le plus simple.

On délaie du miel dans de l'eau dans la proportion de 1 kilog. de miel pour 10 litres d'eau (une livre de miel = gm. 454, par gallon d'eau = lit. 4,54). Le mélange est exposé à la chaleur et à l'air et généralement en moins d'une année le vinaigre est fait.

M. Muth se sert d'un tonneau couché en plein air et au soleil; pour établir une bonne circulation d'air à l'intérieur, il perce deux trous de 2 1/2 cm. de diamètre dans la partie supérieure des deux fonds du tonneau et les recouvre, ainsi que la bonde, de fer-blanc percé de petits trous pour exclure les mouches, etc. Si l'on commence en avril, dit M. Muth dans l'*American Bee Journal*, et que le tonneau soit bien exposé au soleil, le vinaigre sera parfait à la fin d'octobre, sinon il le deviendra à Noël ou au printemps si l'on rentre le tonneau dans un local chaud.

M. Bingham, autre apiculteur bien connu, emploie exactement les mêmes proportions de miel et d'eau et met le mélange à la cave dans un tonneau à alcool défoncé dont il a peint l'extérieur pour empêcher les cercles d'être détruits par la rouille. (1) Le tonneau est recouvert d'une toile grossière excluant la poussière et admettant l'air. Une année suffit pour obtenir de l'excellent vinaigre.

On peut aussi, comme on le fait avec les vins, convertir en vinaigre, en y ajoutant de l'eau, les hydromels qui ont tourné et les fonds de tonneau. De même qu'on peut commencer la fabrication avec du vinaigre ordinaire, dans lequel on verse quelques litres d'hydromel; puis, chaque fois que l'on prélève une certaine quantité de vinaigre on remplace par de l'hydromel.

---

(1) Mais il faut se garder de mettre le tonneau à vinaigre dans la cave aux vins, ce serait un très mauvais voisinage; un local chaud convient mieux. E. B.

NOUVEAUTÉS

L'apifuge Grimshaw. — Le fumigateur Webster. — La toile phéniquée. — Cire gaufrée d'un nouveau genre.

Parmi les inventions et innovations récentes, il en est plusieurs dont nous tenons à dire quelques mots.

L'apifuge Grimshaw. — Un Anglais, M. R.-A.-H. Grimshaw, qui a observé avec beaucoup de soin et de patience les effets variés que produisent les odeurs sur les abeilles, a composé, avec diverses substances obtenues chimiquement, un liquide ayant la vertu de leur ôter, dans une grande mesure, la disposition à piquer. Il suffit de s'enduire les mains et les poignets de quelques gouttes de cette composition avant de découvrir la ruche pour qu'elles renoncent à faire usage de leur dard. Dès qu'elles perçoivent l'odeur, l'agitation produite par l'ouverture de la ruche se calme; elles ne témoignent aucune crainte, mais leur caractère semble transformé.

On peut sans inconvénient se mettre de l'apifuge sur les autres parties du corps exposées aux piqûres, mais dans les très nombreuses expériences que nous avons faites avec ce nouvel agent nous nous contentions le plus souvent de mettre un instant une main devant notre visage, lorsque quelque abeille n'ayant pas encore subi le charme s'en approchait d'un air menaçant.

Il va sans dire que l'emploi de ce merveilleux préservatif doit être accompagné de mouvements très doux et que sa vertu n'est pas absolument infaillible; mais, tel qu'il est, il rend déjà de grands services. L'odeur n'en est point désagréable et un simple lavage suffit pour la faire disparaître. Son défaut est d'être encore un peu coûteux pour l'usage habituel; mais on peut s'en tenir un flacon pour les grandes occasions, comme le prélèvement du miel dans les ruchées de très mauvais caractère, et l'employer comme remède contre les piqûres; une goutte suffit pour calmer la douleur et empêcher l'enflure.

Le fumigateur Webster est un engin assez analogue à l'enfumoir américain, mais dans lequel le combustible est remplacé par une éponge engagée dans du fil de fer et imbibée d'un mélange proportionné d'acide phénique, d'huile de goudron et d'eau. La disposition, en entonnoir renversé, du petit tube terminant le cylindre-réservoir empêche le liquide d'être envoyé sur les abeilles, dans le cas où l'éponge en laisserait échapper. Avec les colonies d'un caractère ordinaire, l'air odorant chassé par le soufflet suffit à refouler les abeilles et à les déterminer à absorber du miel; mais pour celles d'un tempérament agressif, l'inventeur recommande d'ajouter derrière l'éponge un morceau d'ammonia, gros comme une noix.

Nous avons fait l'essai de cet engin et avons constaté son efficacité, sans cependant le mettre au niveau de l'enfumoir, qu'une vieille habitude nous fait préférer. La fumée a surtout plus d'action sur les abeilles qui volent au dehors de la ruche, mais le fumigateur a le grand avantage d'être toujours prêt et chargé. On imbibe l'éponge de 50 à 60 gouttes du mélange pour commencer, puis on recharge de temps en temps par l'addition de quelques gouttes.

La toile phéniquée. — A propos de l'emploi des odeurs comme intermédiaires entre les abeilles et l'apiculteur, nous mentionnerons encore un procédé qui commence à être d'un usage fréquent chez nos collègues anglais :

On fait la solution suivante : acide phénique en cristaux 40 gm., glycérine 40 gm. et eau chaude 1 litre, en ayant soin de bien mélanger ensemble l'acide et la glycérine avant d'ajouter l'eau; puis on y plonge un morceau de calicot, ou mieux de toile à fromage, qu'on presse ensuite jusqu'à le rendre presque sec. Aussitôt que la ruche est découverte, on étend dessus ce linge qui doit recouvrir complétement les cadres. Les abeilles ne tardent pas à s'enfuir vers le bas des rayons et à absorber du miel. Ce moyen réussit entre autres très bien, paraît-il, pour chasser les abeilles des casiers à sections, mais il faut que le linge ait été tordu jusqu'à en être sec; on hâte la fuite des abeilles en soufflant à travers le tissu.

Cire gaufrée d'un nouveau genre. — En novembre 1887, un apiculteur de la Thuringe, M. H. Kœrbs, annonçait par la voie des journaux qu'il avait inventé de nouvelles feuilles gaufrées donnant des rayons très solides, que la reine n'utilise pas pour sa ponte, dans lesquels les ouvrières n'emmagasinent pas de pollen et dont le miel est extrait en moitié moins de temps que dans les autres. Il offrait de livrer son secret dans une brochure, à la condition de réunir quelques milliers de souscriptions à un marc et demi. Cette annonce, naturellement, intriguait beaucoup les apiculteurs, lorsque deux mois plus tard un fabricant d'Allemagne, M. O. Schulz, divulga le secret en offrant au public une nouvelle cire gaufrée, brevetée, qui ne peut être autre que celle de M. Kœrbs. La feuille ne reçoit l'impression des rudiments des cellules que d'un seul côté; l'autre face est appliquée sur fer-blanc, verre ou carton enduit de cire. Au lieu d'être placée à l'intérieur du cadre et au milieu de son épaisseur, elle est collée ou clouée en dehors d'un côté, contre la tranche des lattes, avec la face gaufrée en dedans. Les abeilles, dit le prospectus, allongent les cellules de toute l'épaisseur du cadre, ce qui réalise les avantages énumérés plus haut, dispense des cloisons perforées interceptant la reine, etc.

Cette invention n'ayant été essayée que par son auteur, il est impossible de se prononcer sur son mérite, mais si elle fait son chemin ce sera surtout en Allemagne, où l'exiguité des ruches généralement en usage entraîne toutes sortes d'inconvénients auxquels ces nouvelles feuilles sont censées remédier. Pour les ruches d'une grandeur suffisante et dans lesquelles le magasin à miel est distinct de la chambre à couvain (ruches verticales), nous n'en voyons pas l'utilité. Ce n'est qu'exceptionnellement que la reine et les ouvrières déposent des œufs ou du pollen dans les rayons destinés au miel de surplus. Reste la question de l'extraction du miel et de l'économie de cire réalisée par la réduction de moitié du nombre des opercules, à mettre en balance avec les côtés faibles que ce nouveau système pourra présenter à l'usage.

Du reste, l'invention elle-même n'est pas nouvelle ; il y a déjà bien des années qu'on a produit dans divers pays de la cire gaufrée sur bois, sur carton, sur fer-blanc et calicot. Ce qui est nouveau, c'est son application à la production de rayons n'ayant des cellules que d'un seul côté et de longueur double.

ERRATUM. — Page 48, ligne 9, au lieu de Mehrens lisez Mehring.

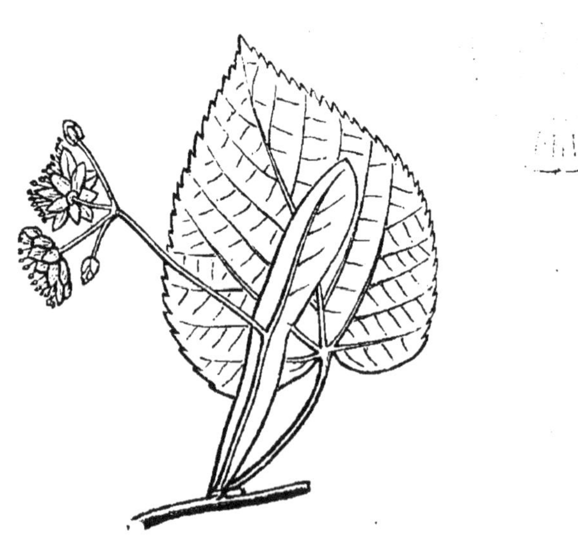

TABLE ALPHABÉTIQUE

REVUE
INTERNATIONALE D'APICULTURE
ANCIEN
BULLETIN D'APICULTURE DE LA SUISSE ROMANDE

La *Revue Internationale d'Apiculture* paraît mensuellement et forme à la fin de l'année un fort volume, avec table des matières détaillée.

Pour tout ce qui concerne la rédaction, les annonces et l'envoi du journal, écrire au directeur, M. Édouard Bertrand, à Nyon (Vaud, Suisse).

PRIX DES ABONNEMENTS: Suisse, fr. 4.10 par an; Union Postale, fr. 4.60; payés en timbres postaux fr. 4.75.

Les abonnements courent de janvier à décembre et *sont payables d'avance*. Toute demande de changement d'adresse doit être accompagnée d'un timbre de 25 centimes ou l'équivalent.

Il est fait un rabais aux Sociétés pour les abonnements pris en bloc.

On s'abonne aussi à tous les bureaux de poste de Suisse pour fr. 4.20 et à ceux de France pour fr. 5.10.

PRIX DES ANNONCES: La ligne de petit texte ou son espace 25 centimes, payables d'avance. Rabais pour les insertions répétées.

Toute demande de renseignements exigeant une réponse écrite doit être accompagnée d'un timbre-poste pour l'affranchissement de cette réponse et de l'adresse *complète* du correspondant; sinon il n'en sera pas tenu compte.

EN VENTE CHEZ LE DIRECTEUR DE LA *REVUE*, PORT COMPRIS

		Suisse	Un. Postale
Revue 1881, 1882, 1883 (ne se vendent qu'ensemble), les trois volumes	.	fr. 12.25	fr. 13.—
» 1884	. . . .	» » 4.10	» » 4.50
» 1885	. . . .	» » 4.10	» » 4.50
» 1886	. . . .	» » 4.10	» » 4.50
» 1887	. . . .	» » 4.10	» » 4.50

Les sept volumes ensemble: Suisse, fr. 28.25; France, Allemagne, Autriche, fr. 29; Italie, Luxembourg, fr. 29.25; Belgique, Pays-Bas, Algérie, fr. 29.50; autres pays, fr. 30.50. (Indiquer la gare d'arrivée.)

Pour les ABONNÉS anciens et nouveaux, chaque volume est diminué d'un franc.

La Routine et les Méthodes modernes. Premières notions d'apiculture, 1882, par E. B. . . . . Suisse et étranger fr. 0.50

Guide de l'Apiculteur Anglais, par Th.-W. Cowan, traduit par E. Bertrand, Suisse, fr. 2.05, Union Postale, fr. 2.25.

Les volumes 1879 et 1880 du *Bulletin* sont repris à 6 fr. chacun.

Avis important. — L'éditeur n'est intéressé ni dans la fabrication ni dans la vente d'aucun article d'apiculture et ne se charge point d'en procurer. Pour tous renseignements à ce sujet, voir aux annonces.

Les paiements en timbres postaux étrangers doivent être majorés de 5 %. *Les timbres ne doivent pas être collés, même partiellement.*

Des notices sur l'usage du miel.

L'expérience prouve que les dépenses faites pour l'acquisition de ruches rationnelles sont grandement rémunératrices; mais le tout n'est pas d'augmenter la production, si l'on n'augmente proportionnellement la consommation. Pour cela il ne suffit pas que les Revues apprennent aux apiculteurs les emplois multiples du miel; il faut que ceux-ci en vulgarisent l'usage autour d'eux en le faisant connaître par des notices intéressantes et instructives. Celle de M. Newman en Amérique a été répandue à 200,000 exemplaires. Celle de M. Dennler a eu plusieurs éditions en allemand et en français. Celle de M. Voirnot, de Villers sous Prény, par Pagny-sur-Moselle, secrétaire de la Section d'apiculture de Meurthe-et-Moselle (France), est courte et substantielle; elle a été en partie reproduite textuellement par M. Zwilling dans son *Guide de l'Apiculteur*. Elle ne coûte que fr. 1.75 le cent, fr. 6.50 les 500 et fr. 11.— le mille, franco. La 5me édition paraîtra dans le courant de 1888. La dépense des notices est une dépense largement rétribuée; c'est, selon le proverbe, donner un œuf pour avoir un bœuf.

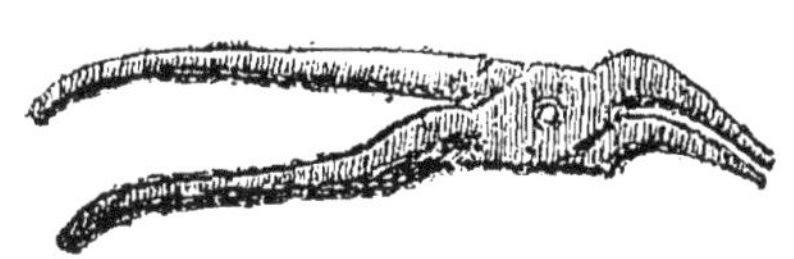

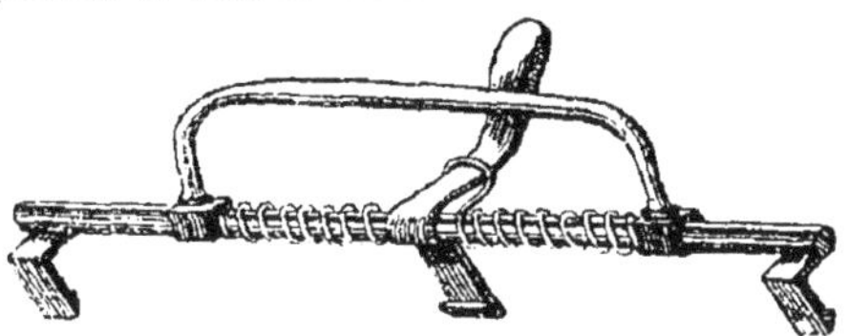

Pl. I. RUCHE DADANT

ECHELLE DE 1 POUR 4 — DIMENSIONS EN MILLIMÈTRES

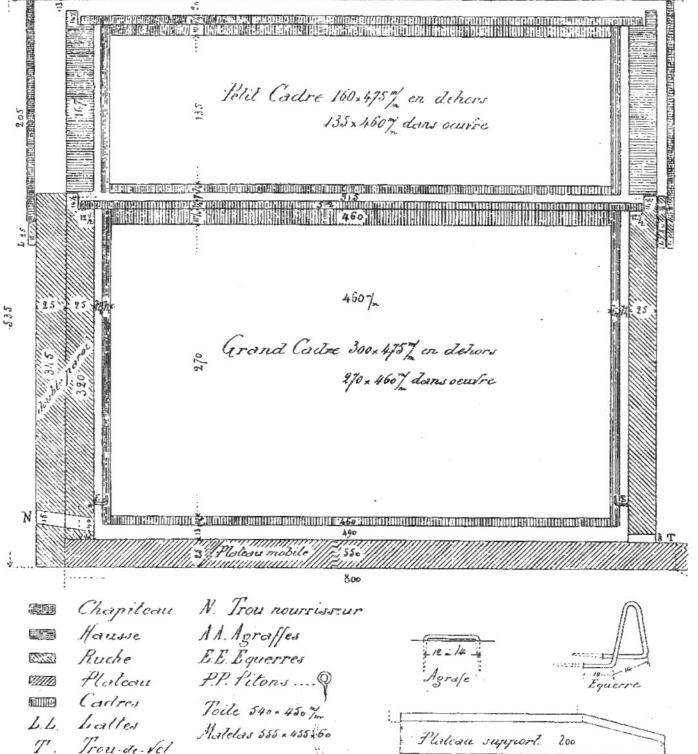

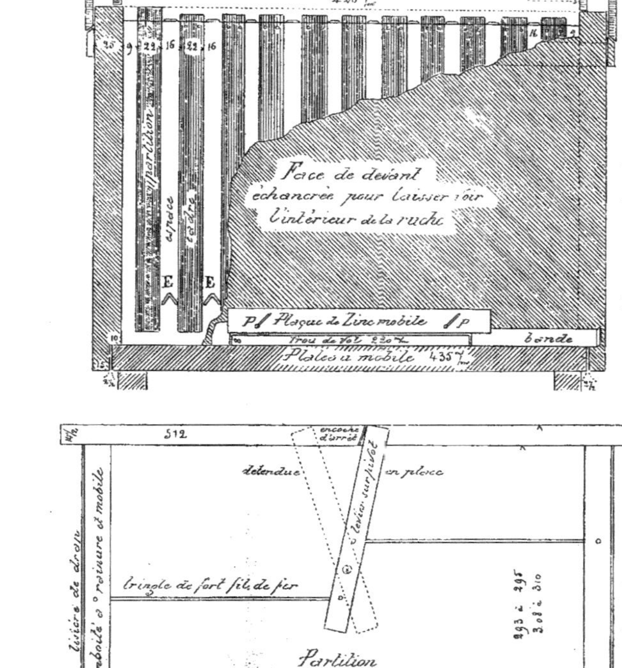

ECHELLE DE 1 POUR 4

Pl. II. RUCHE LAYENS

DIMENSIONS EN MILLIMÈTRES

Toit recouvert de tôle ou en toile peinte.

465

Espace pour coussin et boîtes à miel

(hauteur au-dessus des cadres 136½)

Toile peinte ou molle (395½ × 317½ moins le jeu)

Cadre

(330½ × 410 en dehors)

(310 × 370 dans oeuvre)

Espace garni

Chapiteau
Ruche
Revêtement
Plateau
LLLL Lattes
Cadre
T. Trou de Vol
N. Trou nourisseur
E.E. Equerres
C.C. Clous mobiles

Vue de côté de l'extrémité inférieure du cadre

Fig. 2. Support & planchette d'entrée

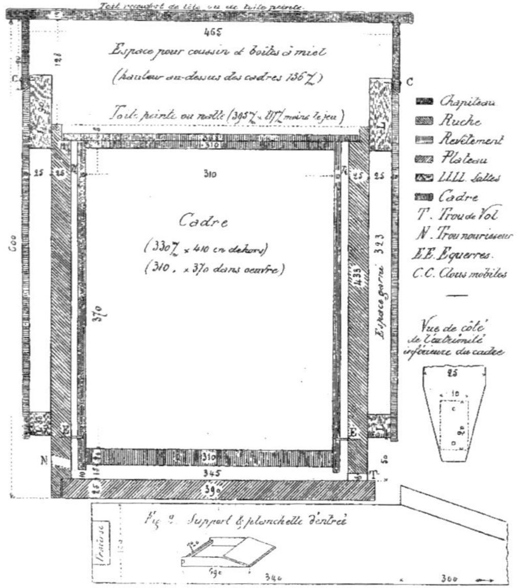

ECHELLE DE 1 POUR 4

Pl. III. RUCHE BURKI-JEKER

DIMENSIONS EN MILLIMÈTRES

Mesures intérieures de la ruche
Hauteur 630
Largeur 300
Profondeur 500

Planchette

Petits Cadres
Extérieur: hauteur 120; largeur 285
Intérieur id 105; id 270
Montants 105

Grands Cadres
Extérieur: hauteur 361, largeur 285
Intérieur: id 346, id 270
Traverse de support 298
id inférieure 285
Montants 346
Lattes, largeur 22, épaisseur 7½

Planchettes
Longueur 298, épaisseur & largeur à volonté, Lattes 7½ sur 7½

Tasseaux
Epaisseur verticale 10, largeur 7

Espace 14½
Espace 7½
Espace 6
Espace 10

Ruche
Planchette
Cadres
Fenêtres
Traverse-coin
P. Poignées

Espacement des cadres

Fenêtre partition
Hauteur 134
Largeur 297

Fenêtre partition
Hauteur 126
Largeur 297

Fenêtre partition
Hauteur 355
Largeur 297

Traverse coin sous la fenêtre
Hauteur en dehors 20, en dedans 14
Longueur 298, Ouverture 70 × 10
Coupe
dehors dedans

Pl. Plateau de ferblanc 28 × 62.8

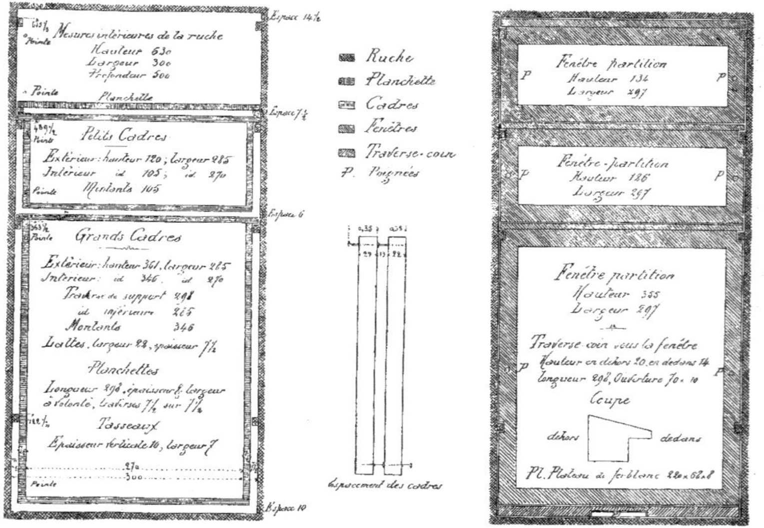

www.ingramcontent.com/pod-product-compliance
Ingram Content Group UK Ltd.
Pitfield, Milton Keynes, MK11 3LW, UK
UKHW021050200726
13857UKWH00003B/878